首都直下地震と南海トラフ

鎌田浩毅

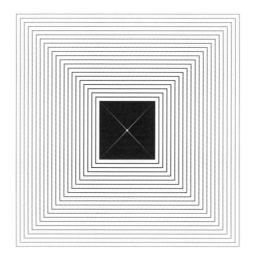

はじめに

巨大な地震と津波が東北・関東地方を襲った東日本大震災より一〇年の時が経ち、多くの人が「日本は地震国」であることに改めて気がついたと思います。

二〇一一年以降も熊本地震や北海道胆振《いぶり》東部地震など大きな地震が次々と起こっています。二〇一四年には活火山の御嶽《おんたけ》山で噴火災害が発生しました。被害に遭われたすべての方々へ、心からお見舞いを申し上げたいと思います。

この一〇年、東日本大震災とさらに続く災害によって、私たちがいかに激しく動く大地に住んでいるかということを実感されているのではないでしょうか。インターネット上では「次に発生する大地震はどこか」「富士山噴火のリスクが高まっている」といった不安の声も多く目にします。

私は地球科学を専門とする科学者として、東日本大震災以後、メディアをはじめ実にたくさんの方から地震と噴火についてのご質問を受けました。こうした関心や不安の声に地球科学の観点から、今後起きうる地震・津波・噴火の予測されている内容についてお伝えし、疑問に答えてきました。

東日本大震災の翌年にあたる二〇一二年には『地震と火山の日本を生きのびる知恵』(メディアファクトリー)を刊行し、これを読んだ方から講演依頼をたくさん受けました。そこで今回は、その後にわかった最新の科学的知見を取り入れて、全面的に見直した新書を上梓することになりました。

そして今年の春、私ごとですが二四年間勤めた京都大学教授という立場を定年で退くタイミングと、東日本大震災発生から一〇年という節目が重なりました。そこで、改めて日本列島の地下で起こっている状況から、近い将来に発生が懸念される激甚災害の予測を行ってみたのです。

現在の日本列島で地震による激甚災害が懸念されるものに、「首都直下地震」と「南海トラフ巨大地震」があります。

首都直下地震はいつ起きてもおかしくない直下型地震で、南海トラフ巨大地震は東日本大震災より一桁大きな災害が予測される太平洋沿岸を襲う巨大地震です。くわしくは本文で解説しますが、いずれも我が国の産業経済を直撃する未曾有《みぞう》の災害となることが確実視されています。

ちなみに、『地震と火山の日本を生きのびる知恵』には女優の室井滋《しげる》さんとの対談が掲載され、幸い好評を得ました。この対談をきっかけに室井さんとは他のメディアでもご一緒させていただいています。よって、今回も各章の冒頭には、室井さんが一般読者を代表して質問されることに私がお答えする形の対談を載せました。

地球科学の視点で日本列島の状況を分析すると、二〇一一年の大震災によって地震が頻発するようになっただけでなく、富士山を巡《めぐ》る状況も一変しました。まだ噴火が起こっていないことこそ幸いですが、我が国最大の活火山である富士山は、もはやいつ噴火してもおかしくない「スタンバイ状態」であると考えられるのです。また、こうした火山は我が国に一一一個ある活火山の約二割にも達します。

そして巨大地震と巨大津波を引き起こすとされている南海トラフ巨大地震は、富士山の噴火と密接な関係にあります。これからも日本では大きな地震が続き、火山の噴火が誘発されることも起こるでしょう。

しかし、本書は自然災害の恐怖を煽《あお》るものでは決してありません。詳《くわ》しくは後述しますが、皆さんが恐怖に感じている火山は、人々に幸いと恵みももたらしてくれます。実は、地球で起きる活動では、災害と恩恵が表裏一体の関係にあります。この両面を知っておくことは、目の前に迫る危機を避ける「心のゆとり」を持つことにつながります。

すなわち、「災害を正しく恐れる」知識を身につけることで、落ち着いて自力で行動し、被害を最小限に抑えることができます。ここにこそ科学の力が発揮され、「知識は力なり」が実証されるのです。

もうひとつ、本書で伝えたい大事なことがあります。近年、なぜ世界で自然災害が増えているかを地球科学特有の視座で考える、有効な「方法論」を知っていただきたいのです。たとえば、日常の時間や空間の尺度と異なる「長尺《ちょうじゃく》の目」があります。こうした見方を持つことで、「科学にできることとできないこと」を峻別《しゅんべつ》する知恵も生まれます。

そして地球科学的な物の見方を持つことから、地球や自然との適切なつきあい方が見えてくるでしょう。それは取りも直さず、「私たちはどう生きるべきか」を模索する際にきわめて有用な視座を与えてくれるのです。

本書は地球科学を学んでこなかった人にも最後まで読めるように、徹底的にわかりやすく記述しました。私は京都大学に着任してから「科学の伝道師」として、地球科学を一般市民に噛《か》み砕いて解説する活動を続けてきました。本書はその総決算に当たるものといささかの自負をしています。

日本の直面する次なる危機に備えて、本書が皆さんにとって未来への勇気と「動く大地の上での賢い生き方」へのご参考になれば幸いです。

二〇二一年二月

鎌田　浩毅

首都直下地震と南海トラフ——目次

第二章　首都直下地震という新しいリスク

第四章　富士山噴火の可能性も高まった

第五章　なぜ世界で自然災害が増えているか　〜「環世界」の視座〜

第六章　「長尺の目」で世界を見る

第七章　科学にできること、自分にしかできないこと

本書は、二〇一二年にメディアファクトリーより刊行された『地震と火山の日本を生きのびる知恵』を大幅に加筆し、再編集したうえ、改題したものです。

なお、本書のデータは二〇二〇年一二月現在のものです。

序章

東日本大震災から一〇年、いつ来てもおかしくない大災害

【対談—序】鎌田浩毅×室井滋

「『3・11』以後の日本はどう変わってしまったのですか?」

室井　二〇一一年三月一一日に発生した東日本大震災からまもなく一〇年を迎えます。『地震と火山の日本を生きのびる知恵』(メディアファクトリー)の対談をさせていただいたのが「3・11」の一週間前でしたね。「3・11」以降、日本は本当に変わってしまったので、あらためてお話を伺いたいと思います。

今、私も含めて多くの皆さんが知りたいのは、これから大きな地震が来るのか、来るとすれば、それはいつ頃、どこで、どんな規模なのか？　ではないかと思います。

鎌田　まず東日本大震災以降一〇年くらいは、今回と同じ海の震源域で最大マグニチュード(M)8クラスの巨大地震と、それに伴う津波が来ると思われます。現時点で巨大地震は起きていませんが、そのリスクはさらに大きくなっていると言えます。

もしM8の地震が起きれば、東京でも震度5、悪くすれば震度6になるでしょう。これは、東日本大震災以降「動く大地の時代」が始まってしまったからなのです。一〇〇〇年ぶりの事件が始まったんです。

室井　一〇〇〇年ぶりの事件‼

鎌田　それは「日本列島全体が活動期に入ってしまった」ということです。

室井　日本全体が、ですか。

鎌田　そうです。一つひとつ見ていきましょう。まず先ほどお話しした「同じ震源域で起こる最大M8クラスの海の地震」。さらに、その周辺海域、つまり震源域の南方に当たる房総半島沖、また北方の三陸沖でも巨大地震が起こる可能性があります。ここ数年間は、巨大地震が発生する場所が南北へ拡大していくかもしれないのです。

室井　宮城県沖のあと、長野県や秋田県、また富士山の下でも地震が起きましたね。あれもそうですか？

鎌田　いいえ。あれはまた違ったタイプの地震で、「誘発地震」といいます。東日本大震災を契機に、東北地方全体の地面が水平方向に「広がって」しまい、今までになかったところに「ひずみ」が生まれてしまった。

それで今までの「地震空白地帯」でも地震が起き始めているんです。こうした「誘発地震」は今後にわたって続くと考えられます。

室井　「誘発地震」は日本中で起こるのですか？

鎌田　正確に言えば、関東・東北・北海道を含む「北米プレート」（図版序―1）の中です。

室井　じゃあほとんど東日本全域ですね。

鎌田　そうなんです。ちょうど電圧が西日本と東日本で六〇ヘルツと五〇ヘルツに分かれていますが、その東日本側の全域です。ここで地震が「誘発」されるのです。

室井　その中で、今後、大規模な災害が起こる可能性はありますか？

鎌田　「誘発地震」とは、いわゆる直下型の地震のことです。これは陸の地下で起きる地震で、規模はM7クラスです。

M9やM8よりはエネルギーが小さいのですが、このタイプの地震が都市直下で起きれば、阪神・淡路大震災のように人が大勢亡くなってしまう大災害になります。一番怖いのは、この「北米プレート」の中にまるまる東京が入っているということです（図版序―1）。

室井　これまでもずっと首都圏では「東海地震」の危険性が言われていましたよね？　これとは別のものなのですか？

鎌田　まったく別の新しいリスクです。これまで指摘されていたのは、東京より西方の「東

図版序－1　東日本大震災の震源とプレートの位置関係

1000年に1回の巨大地震が起きた。今後は、引き続き余震域で起きる地震と、北米プレート上の内陸で起きる直下型地震と活火山の噴火に注意する必要がある。

（地震発生の日付はいずれも2011年3月）

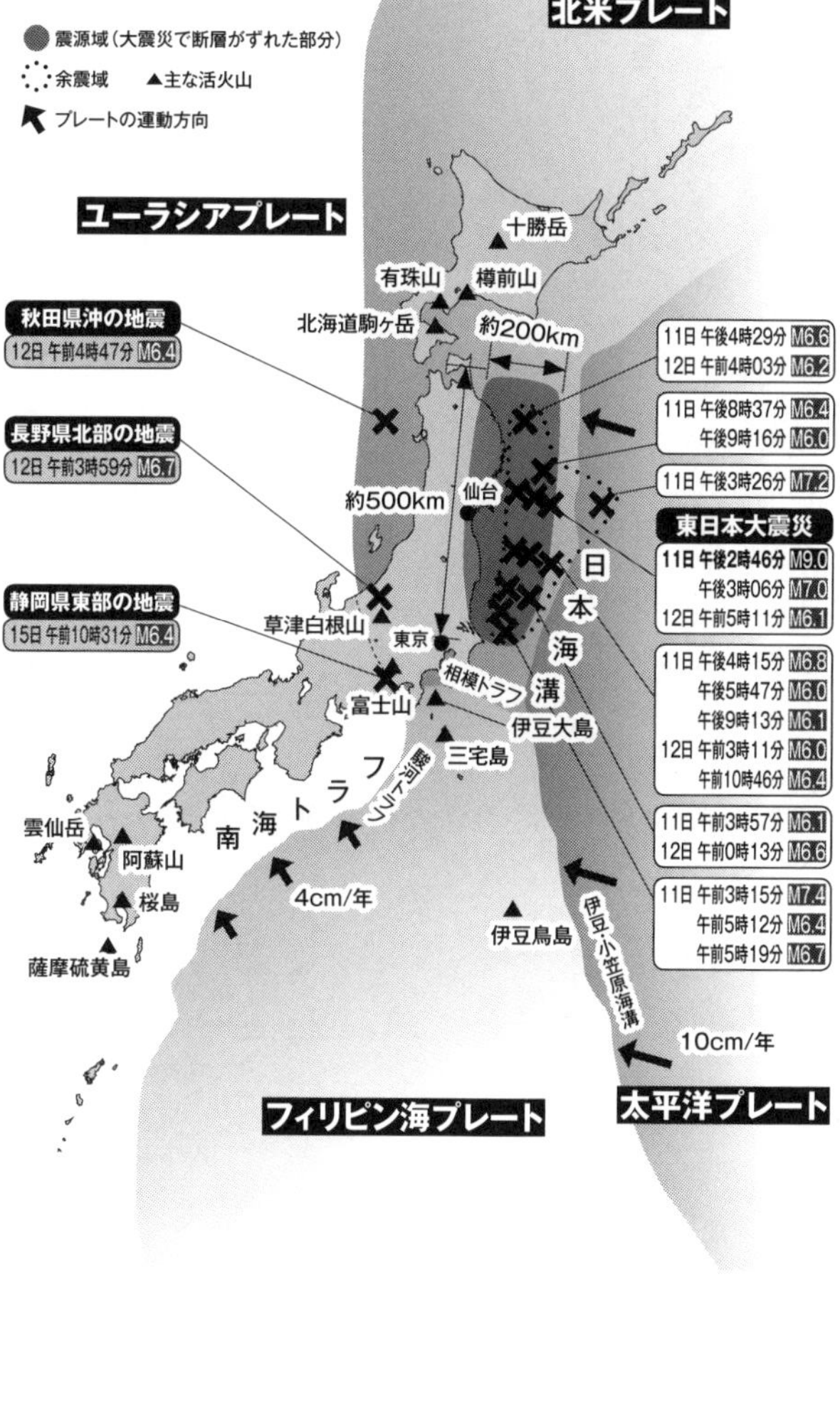

海＝静岡沖」「東南海＝名古屋沖」「南海＝紀伊半島沖」で巨大地震が起こる、というリスクです。

室井　それも、もうすぐに来るということでしたよね？

鎌田　二〇四〇年までに必ず来るでしょう。そしてこの巨大地震は、約三〇〇年に一度の「三連動地震」となります。三つの地震が一気に、数十秒のうちに連続して起こるかもしれない。こちらの災害規模は、二二〇兆円と言われており、東日本大震災以上になると予想されているのです。

室井　東北とその周辺地域の他、首都圏、西日本も危ないんですか？　ほとんど日本全土ですよね。

鎌田　これに加えて、火山噴火のリスクが高まりました。三月一五日に富士山の直下で地震が起こりましたが、他にも活火山の下で地震が起きた場所が二〇か所ほどあるんですね。

箱根山、草津白根山《くさつしらねさん》、浅間山《あさまやま》、焼岳《やけだけ》、伊豆大島、阿蘇山《あそさん》など、火山の直下で小さな地震が急に増えました。地下のマグマが地震を起こし始め、いずれ噴火に至る可能性がなきにしもあらず、なのです。

室井　東日本大震災以降も熊本や大阪、北海道で震度6や7の大地震が発生し犠牲者を出しています。被災地の方たちをはじめ、多くの人々がさまざまな痛みを負いました。それなのに、終わらないどころか、まだまだ続くのですね。

鎌田　地球科学的に見れば、「動く大地の時代」が始まったことは、まぎれもない事実です。私たち日本人はそれを謙虚に受け止め、自分の人生のスケジュールに組み込んでいかなくてはなりません。よって、地球科学の観点から、

①これから日本でどんな地震や火山噴火が起こるのか
②それに対して私たちは、どんな備えができるのか

を明らかにしていきたいと思います。

室井　私たちにできることとは、何かあるのでしょうか？

鎌田　国や自治体がやるべきことは、もちろんたくさんあります。しかし日本列島が「動く大地」となってしまった以上、そこで生きていく私たち一人ひとりが、この事実を受け入れて「覚醒《かくせい》」しなければなりません。

これまでと違った考え方、行動力を持つ必要があるのです。そのことについても、くわ

しくご紹介していきたいと思います。

室井　私も何か一生懸命やりたい気持ちはあるんですが、いったい何をやればよいかがわからないのです。ぜひ、何に向かって頑張ればいいのか教えてください。どうぞよろしくお願いします。

【本論】一〇〇〇年に一度の大変化が起こった

忘れもしない二〇一一年三月一一日午後二時四六分、東北沖を震源とする地震が発生しました。この地震は「東北地方太平洋沖地震」と気象庁によって命名されましたが、これは日本の観測史上最大規模というだけでなく、過去一〇〇〇年に一回起きるかどうかという、非常にまれな巨大地震でした。なお、この地震による激甚震災は後に閣議で「東日本大震災」と呼ぶことが決まりました。

かつて宮城県沖では西暦八六九年に、貞観《じょうがん》地震という大地震が起きたことがあります（貞観一一年）。この地震に伴って大津波も発生し、一〇〇〇人の死者を出したのです。実は、貞観地震よりも東日本大震災のほうがはるかに大きく、文字どおり「有史以来」の超巨大地震が起きてしまったのです。

東日本大震災の特徴は、異常と見えるほど「余震」活動が激しいことでした。大きな地震が起きると、そのあとに同じ「震源域」で起こる余震という揺れが来ます。一九九五年に起きた阪神・淡路大震災のときも、そうでした。

最初の一撃の大きな揺れで家が壊れ、人生で経験したこともない災害が襲ってきます。その後追い打ちをかけるようにやってくる余震は、人々の心を疲弊《ひへい》させていきます。

普通、余震と呼ばれる揺れは、最初に来た「本震」よりも小さいものです。東日本大震災も本震よりも大きな余震は来ていません。

しかし、この余震の数が、今まで私たちが経験してきたものよりも非常に多いのです。そして何よりも皆さんに精神的ストレスを与えたのが、その期間の長さだったのではないでしょうか。

地震直後は、余震が起こるたびに緊張が走った方も多かったでしょう。やがて震度3程度では、「あっ、また揺れている」程度にまで慣れてきたかもしれません。

しかし、余震が数か月にも及んでくると、体が揺れを感じるたびに緊張し、目まいやストレスによって体調を崩した方も多くいたはずです。普通の生活に戻りたくとも、いまだに余震が来るたびに体が覚えた怖い感覚を思い出す人もおられるでしょう。

東日本大震災の本震は、マグニチュード（M）9という途轍《とてつ》もなく大きなものでした。そのために余震ですら、M7という大きなものが発生しています（図版序―1）。

このM7の地震というのは、一つだけが単独で起きた場合は「〇〇大震災」と名前が付けられるほどの大きな地震です。ちなみに我々研究者が予測していた発生確率九九パーセントの宮城県沖地震では、M7・5の地震を想定していました。

それほど大きな余震も、今回のM9という本震の大きさに飲み込まれてしまいました。しかし、たとえ気象庁や地震学者がデータに「余震」として記載しようとも、その場でM7の地震を体感された方の恐怖ははかりしれないものであったはずです。

M7レベルの地震は、直下で発生すると「震度6強」という激しい揺れをもたらします。なお、マグニチュードと震度の違いについては、あとでゆっくりお話ししましょう。

普通、余震は一週間ぐらいで少なくなっていきます。しかし、東日本大震災の余震は、その後も続いています。

しかし、私たち地球科学者は、余震が終わったとはまったく思っていません。むしろ、最大の余震がまだ来ていないことを危惧しています。自然災害はいつも新しい顔をしてやってくるものです。

本震のマグニチュードから1引いたものが余震で来ることを、私たちは過去に蓄積された膨大なデータから知っています。つまり、東日本大震災がM9であったので、最大M8クラスの余震がこれから来るのです。

地球科学は地球全体を相手にしている学問です。日本で起こったことは、世界中どこでも同じように条件がそろえば起こります。今後の予測は、世界中に設置された観測機器の詳細な分析から、次々と出されるでしょう。

私が専門とする地質学には「過去は未来を解く鍵」という言葉があります。何億年も前から堆積した地層を研究することで、何億年も先の地球を予測する重要な「キー」が得られるのです。

これらから自然災害だけでなく現在世界中で問題となっている地球環境問題の行方を、過去のデータから導き出すことができます。銀河系や太陽系も含めて、地球をとりまく種々の変動を解読すれば、将来をかなりの程度まで予測できるのです。

こうした意味で地球科学は、人類が今後どのような環境をつくればよいかに関する重要なメッセージを与えてくれるのです。「動く大地の時代」の始まった今こそ、この「知恵」や「過去の教訓」を生かして、日本列島での暮らし方を工夫してみたいと思います。

第一章　地震の活動期に入った日本列島

【対談―二】鎌田浩毅×室井滋

「これから地震が起こるリスクが高い場所はどこですか?」

室井　最近東京でも頻繁に地震が続いています。二〇二〇年、千葉県沖で発生した震度5弱の地震は東日本大震災の余震とも言われていますが、首都圏直下型の大地震が近いのでは?　と不安に思っている人が多いのではないでしょうか。

鎌田　宮城県沖で予測されていた「三〇年に一度のM7・5の地震」ならば、余震が一か月ほど続いて終息していたと思います。しかし一〇〇〇年に一度の東日本大震災によって、「動く大地の時代」が始まってしまったのです。

室井　東日本大震災から現在に至るまで、具体的に何が起こっているのですか?

鎌田　心配されているのは、地震の震源域が三陸沖から南北に広がっていくことです（図版序―1）。南に伸びれば房総半島沖。そこでは延宝《えんぽう》房総沖地震（一六七七年）というM8クラスの地震で、八メートルの津波が起きています。また、北ならば、三陸沖から北海道の沖合まで広がるかもしれない。

室井　どちらかに来れば、片方には来ないのですか？

鎌田　確実には言えませんが、地震が起こる地域は南か北かのどちらかに偏《かたよ》るとは思います。たとえば、南方の房総半島沖はフィリピン海プレートが押さえているので、破壊がそれほど進まないかもしれません。よって、三陸沖のほうが起こりやすいのではないか、と思っている地震学者もいます。

室井　そうなると、北海道にも大きな津波が来てしまうのですか？

鎌田　そうですね。下北半島沖、十勝沖へと震源域が伸びる可能性はあります。

室井　それは「東日本大震災の震源域で起こる最大M８クラスの余震」という危険とは別に、ですか？

鎌田　この危険に加えて、です。新たに外側の延長部分で、岩盤の破壊が起きるのです。

室井　必ず起きますか？

鎌田　私たちは「必ず」とは言えないのですが、過去の事例から危険が高まっているとは言えます。たとえば、二〇〇四年にインド洋のスマトラ島沖で起きた巨大地震を参考にすると、先ほどのような予測になるのです。

室井　「今後起こるM8の余震」の場合、津波の大きさはどのくらいでしょう？

鎌田　最大M8ですから、M9とはだいぶ違います。それでも三メートルから五メートルの津波が来る、と言う研究者もいますね。それに、現在は海岸沿いの防波堤などが壊れて無防備になっています。

　これに加えて、地盤沈下が起きてゼロメートル地帯になった場所が、至るところに生じました。そこへ津波が襲うと遮《さえぎ》るものがないので大変なことになります。地域によっては、次に来る津波のほうが被害が大きくなる可能性もあるのです。

室井　東日本大震災では世界最高の防波堤がある場所でも、あれほどの被害が出ました。

鎌田　そうですね。ただ、あの津波で越えられてしまった防波堤が役に立たなかった、という見方がありますが、それは間違いです。これらがあったから巨大なエネルギーが抑えられて、あの程度の被害で済んだ、と考えてください。

室井　もしノーガードだったら、もっと凄《すさ》まじかったんですね。

鎌田　そうなんです。こう考えると、実は怖いのは房総半島沖です。二〇一八年に千葉県は過去最大級の巨大地震や大型台風が発生した場合の被害想定として、南房総で最高二五メートルの津波が発生すると公表しました。しかし、房総の海岸はほとんど防波堤がない、ノーガード地帯です。

室井　えっ⁉　そうでしたっけ？　何でないの？

鎌田　九十九里浜は県立指定公園ですし、南房総国定公園もあります。そこに高さ一〇メートルの防波堤などつくれないでしょう。

室井　それは大変だ！　ここで起こると、東京にも来ますか？

鎌田　東京湾には大きな津波は来ないでしょう。ただ房総半島沖で大地震が起きると、銚子から野島崎《のじまざき》までは危ないですね。

室井　うう……怖い。さ、さらに日本海側でも津波の危険はありますか？

鎌田　秋田沖で一九八三年に日本海中部地震が発生したことがありますが、これはまた別の現象なんですね。日本海で発生する地震は、太平洋プレートが沈み込んで起こるタイプではありませんから、東日本大震災ほど大きな津波は来ません。

室井　それでは、東日本の西側、すなわち「ユーラシアプレート」（図版1―1）には、今回のことで起きた「ひずみ」は影響を与えないでしょうか？

鎌田　それを現在まさに研究中なのです。一番の心配は「フィリピン海プレート」がもぐり込んでいる場所です。伊豆半島はフィリピン海プレートに属しているのですが、日本列島へゆっくりと衝突しています。これが富士山の下あたりでどのように力が加わっているか、すごく知りたいのです。

ここで力のバランスが崩れ始めたならば、約一七〇年ぶりの「東海地震」が起こる可能性がある。今、地震学者はみな緊張して見張っています。「東海・東南海・南海の三連動地震」は、東日本大震災とはまったく別の時計で動いているのです。

それが「二〇三〇年から二〇四〇年」に起こる、と警告されていた。今、その時計が早まるかどうかが喫緊《きっきん》の課題となっています。刻々Xデーが近づいていること自体、我が国最大の危機管理項目なのです。

室井　もしかすると逆に遅れる可能性もありますか？

鎌田　それもありえなくはないですね。地下で起きる現象は、必ず誤差を伴うものだから。ちなみに、予想されていた「三連動地震」は、起きる順番が決まっています。

最初に東南海地震（名古屋沖）から始まるはずで、次に東海地震（静岡沖）、そして最後に南海地震（紀伊半島沖）と続きます。しかし、東日本大震災の影響が大きいため、もし東海方面からストレスがかかり、東海地震から始まるとどうなるか。

室井　次に来る「東南海から一気に起きる三連動地震」が、東日本大震災を契機に「東海から始まる三連動地震」になるってことですか？

鎌田　うーん。そこが難しいところで、地震学にはまだ「方程式」がないんです。非常に複雑なことが地下で起きているので、玉突きのように「こっちに力が加わったから、ここから始まります」とは言えないんですね。地下の岩盤をつくっている岩石には多様な種類があり、強度がみな異なっています。

さらに、地下深部の亀裂やそこに含まれる水の量など、地震が起きるためにはたくさんの因子があって、非常に複雑なのです。そういうことのすべてが判明しないと、地震が起きるかの予測はできないんですが、実際にはまだわずかしかわかっていない。

これだけ科学が進んでも、「起こってみないとわからない」ところがある。残念ながら、これが現在の地震学のレベルなんだ、ということも知っていただきたいのです。ところで、室井さんは「バタフライ効果」って聞いたことありますか？

室井　バタフライ効果？　何ですか？

鎌田　ブラジルで蝶《ちょう》が「ひと羽ばたき」すると、テキサスでハリケーンが起こる、という理論です。蝶の羽ばたきによる微弱な空気の動きが次々に伝播して……。注※

室井　「風が吹けば桶屋《おけや》がもうかる」みたいに？

鎌田　そうそう。蝶のひと羽ばたきが、最後に大きな気象変化をもたらす。すなわち、ちょっとした初期値の変化で、全体が変わることがある。これも地球の姿なのです。
　では「蝶の羽ばたき」をコンピュータに入れると、すべての気象変化がわかるんじゃないんですか、と言う人がいるんです。これが「科学信仰」の怖いところです。そんなことはまったく不可能なのです。科学は予測できることもあるが、予測できないこともたくさんあることも知ってください。
室井　最後の結果まではわからないんですね。
鎌田　「一寸先は闇《やみ》」といいますが、地震に関しては「一寸先は闇じゃないけど二寸先は闇」なんです。世界中の地震学者が頑張っていますが、まだ「二寸先」しか見えていない。ですから、地球の現象は一かゼロで考えないでいただきたいのですね。
　一方で、少なくとも今考えられる地震・津波・噴火のリスクについて正確に知っておくことは、とても大事なのです。

注[※]　次の本にくわしい解説があります。『バタフライ・エフェクト　世界を変える力』（アンディ・アンドルーズ著、弓場隆訳、鎌田浩毅解説／ディスカヴァー・トゥエンティワン）

【本論】余震はまだ続き、その範囲は広がっていく

スマトラ島沖地震からわかること

東日本大震災は大変な被害をもたらし、今でも余震が続いています。実は、東日本大震災ととてもよく似た巨大地震が、二〇〇四年の冬にスマトラ島沖で起きました。地震の強さを表すマグニチュードで9・1という、きわめて破壊的な地震でした（図版1―1）。

ほぼ同時に巨大な津波も発生し、インド洋の全域で二三万人を超える犠牲者を出したのです。津波の映像が全世界を駆けめぐったので、記憶に残っておられる方も多いかと思います。

おそらくあれほど鮮明な津波の映像を、カメラが捉《とら》えたのは初めてかもしれません。これらはたまたま家庭用ビデオを持っている人が撮影した映像でした。津波をテレビカメラで撮るには、通常その現場にプロのカメラマンがいなければなりません。しかし、スマトラ島沖地震では、アマチュアの人々が撮った多くの映像をテレビ局が集め、その中から貴

重な映像を選んで世界に配信したのです。

テレビは現代社会で重要な「メディア」の一つです。メディアと一言でくくっても、その媒体によって受け手側に伝わるものは変わってしまいます。このことを最初に指摘したのは、マクルーハン（一九一一〜一九八〇）というカナダ出身の社会学者でした。

雑誌・新聞・ラジオ・テレビ・インターネットなど、その媒体によって同じ出来事でも伝わり方がまったく異なってしまうことをご存じでしょうか。彼の主著『メディア論』（みすず書房）に展開されていますが、コンパクトな解説を拙著『座右の古典』（ちくま文庫）に載せましたのでご参考にしていただければ幸いです。

かつて私は、テレビ局のプロデューサーに「テレビにしかできないことは何ですか？」と尋ねたことがあります。彼は即座に答えてくれました。ちょうど福岡で大きな地震が起こり、高層ビルの窓ガラスが大通りに落下する映像が流れた直後のことでした。

「テレビにしかできないことは、尖《とが》ったガラスがビルから落下する様子の放送です。すぐ横をサラリーマンが歩く映像。そこから伝わる恐ろしさと臨場感は、テレビにしか出せない」と彼は私に話してくれました。

なるほど、地震で地面が揺れている最中の映像は、ほとんど撮れないでしょう。窓ガラ

図版1−1　プレート配置と巨大地震の震源地

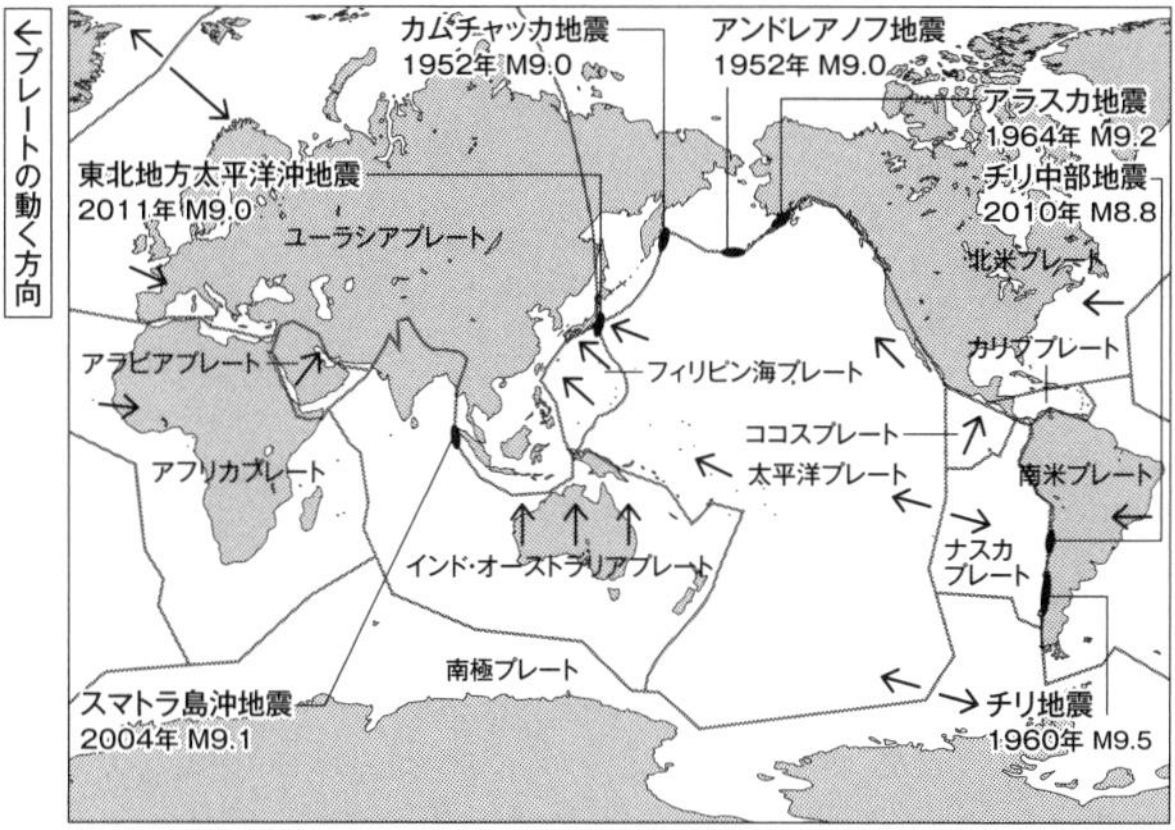

スが降りそそぐ衝撃的な現場は、本や新聞などの文字媒体ではなかなか伝わりません。

また別のプロデューサーは、こんなことを言っていました。「地味な内容でも見ごたえのある映像があると、ニュースになるのですが……」

つまり、テレビのニュースは、画面を見ている視聴者に強烈な印象を与えるものだけが流されているのです。

言ってみれば、毎日の分刻みの時間割りの中で、他の映像よりもインパクトで勝ったものだけが放映される、という性格を持っているのです。その意味で二〇〇四年のスマトラ島沖の津波の映像は、全世界を駆けめぐるに値する映像だったのでしょう。

しかし実は、あのマグニチュード（M）9・1のスマトラ島沖地震のあと、スマトラの地で何が起きたかは大きく報道されていません。そのため皆さんは、報道されたあの地震と津波ですべてが終わった、と思われているかもしれません。人は自分に身近な情報はどうしても過大評価し、自分が知らない情報は過小評価してしまうものだからです。

実際には、決してそれだけではありませんでした。そのあと今に至るまで、地殻の変動は一向に衰えていないのです。私の専門である地球科学の観点からも、その後にインドネシアで起こったさまざまな大地の動きは、驚くべきものでした。

具体的に述べてみましょう。スマトラ島沖地震の三か月後の二〇〇五年三月、スマトラ島の近くで、M8・6の巨大地震が起きました。本震であるM9・1の震源域の内部でも余震はたくさん起きたのですが、同時に南へ大きく広がった場所で地震が起きたのです。M8台の地震と言えば、それだけで巨大地震そのものです。それがわずか三か月後に起きたことに、我々地球科学の専門家は仰天しました。

さらに、震源域の南方への拡大は七年後まで断続的に続き、二〇一〇年一〇月にはM7・7の地震、二〇一二年一月にはM7・3の地震をそれぞれ起こしました。こうした事実が、巨大地震を理解するためのベースとして現在でも次々と蓄積されつつあるのです。

地震のエネルギーはまだ残っている

東日本大震災の後、「大きなエネルギーが解放されたから、もうエネルギーは残っていないのではないか」というご質問をしばしば受けました。しかし、それはまったく違います。

今回の地震は、いわば「寝ている子を起こし」てしまったようなものです。プレートに溜まったエネルギーは、震源域を次々と広げながら今後も解放される可能性が高いのです。

ここで忘れてはならないのが、海域で大きな地震が起きたら、再び大津波が襲ってくるということです。たとえば、M7台後半の余震でも、高さ三メートル以上の津波を発生させます。特に、東日本大震災のあとで地盤が沈下した太平洋沿岸部では、新たな被害が出る恐れがあります。

たとえば、岩手県から千葉県までの沿岸部では、これまで最大一・六メートルも地盤沈下が発生したのですが、その回復には数十年を要します。この点でも、引き続き余震に対する厳重な警戒が必要なのです。

さて、スマトラ島沖地震の震源域が拡大した事実は、東日本大震災の今後の予測に役立ちます。実は、日本列島の太平洋岸でも、過去に震源域が拡大した例があるのです。

江戸時代の一六七七年、房総半島沖の海域でM8・0の地震が大津波を伴って発生しました。延宝《えんぽう》房総沖地震と呼ばれている巨大地震ですが、五〇〇人を超える犠牲者が出ました。津波の堆積物の調査からは、千葉県の太平洋岸に最大八メートルの高さの津波が押し寄せたこともわかっています。

そのため、東日本大震災の影響として、これと同じような被害が出る可能性がある震源域のすぐ南側に当たる房総半島沖での地震が非常に心配されているのです。

実は、震源域の拡大は、南の方向だけとは限りません。北方に当たる三陸沖の北部へ広がる可能性もないわけではありません。その東には、同じように巨大地震を繰り返し起こしてきた十勝沖の想定震源域が接しています。実際ここでは、一九五二年にM8・2、また二〇〇三年にM8・0の巨大地震が起きています。

太平洋プレートという同じプレート上の変動である以上、南側も北側も岩盤が割れていく可能性は否定できないのです。現在、太平洋岸と海底に置かれた観測点から送られた膨大なデータを解析する作業が進行中です。

予測結果が出るのが早いか、次の大地震が起きるのが先か、それはわかりません。しかし、たとえ計算結果が早く出ようとも、地震を回避することは絶対に不可能であることも事実です。

日本列島に暮らす我々は、スマトラ島沖地震の事例を参照して、いずれ必ず起きると考えて準備しておかなければなりません。今後、最大M8クラスの地震が海で新たに発生すれば、地震動と大津波の両方による大災害が再発する恐れは消えていないのです。

科学を信奉するでも拒否するでもなく

ところで、科学的な予測に関して、雪を研究した物理学者でエッセイストの中谷宇吉郎《なかやうきちろう》博士（一九〇〇〜一九六二）が、興味深いことを書いています。科学の知識が災害を防ぐか否か、という現代にも通じる問題です。

《山崩れがあって、人夫が死んだというような場合に、よく科学的な知識がなかったからといわれるが、これはかなりむつかしい問題なのである。ということは、たとえば大学で地盤や地質のことを良く研究した人、あるいは河川学の権威といわれるような学者が、その場にいたら、そういう事故に遭《あ》う心配は絶対になかったかといえば、必ずしもそうとは

いえない。予期されない問題に対しては、科学は案外無力であるからである》（『科学の方法』岩波新書）

山崩れのような突発災害は、思わぬ場所で起きることが多いので、専門家も巻き込まれることがあります。といって、科学はまったく役に立たないものではありません。

《ただ、科学の効果というものは、こういう予期されない問題についても、その範囲をだんだん狭《せば》めていくというところにある。そういう意味では非常に強力なものであって、科学の力によって災害は減らすことはできる》（同書より）

そこで中谷博士は、科学の適用範囲をよく考えながら使うことを提案します。

《それには統計の観念を常にもっている必要がある。すなわち山崩れが起き得る条件になった時に、仕事をやめて避難する。しかし起きない場合も、もちろんある。その時に、科学の悪口を言ってはいけないのであって、科学の力は統計的な面において発揮されるので

ある》（同書より）

私は中谷博士の見方に賛成です。科学を信奉するのでも拒否するのでもなく、冷静に科学が有効である場合を見きわめるのです。そして、苦手とするところに対しては、過度の期待を持たないようにも心がけます。

これは人間も同じです。誰でも得意なことと不得意なことがあるもので、あらゆることに秀でた人は存在しません。科学を過信せず、といって過小評価をすることもなく、役に立つ箇所を使えばよい、というのが賢い態度なのです。

つまり科学とはオール・オア・ナッシングという「一かゼロかの世界」ではないのです。よって私はこの本でも、科学ではっきりわかっていることと、科学の限界をはっきり示していくつもりです。

「マグニチュード」と「震度」の違い

地震が発生すると、テレビ画面に「震度5弱の地域は○○」「震度4の地域は○○」といった表示が出ます。その後しばらくして「マグニチュード6・2、震源の深さは二〇キロメートル」などという情報が流れてきます。これらについて説明しておきましょう。

一つの地震に対して、マグニチュードは一つしか発表されません。しかし、震度は地域ごとに数多く発表されます。マグニチュードは地下で起きた地震のエネルギーの大きさ、震度はそれぞれの場所で地面が揺れる大きさのことです。したがって、マグニチュードと震度は似たような数字でも、まったく異なる意味を持つのです。

今、大きな太鼓が一回鳴ったとイメージしてください。マグニチュードはこの太鼓がどんな強さで叩かれたのか、を表します。そして、震度は音を聞いている人にどんなふうに聞こえたか、ということです。

太鼓の音はすぐそばで聞くと大きな音ですが、遠くで聞くと大した音ではありません。このように震度は太鼓の音を聞く場所、つまり震源からの距離で変わってきます。一つのマグニチュードからさまざまな震度が生まれるのは、このためです。

マグニチュード9という巨大地震でも、震源が遠ければ震度は小さくなります。一方、マグニチュード6でも、自分がいる真下で起きれば非常に激しい揺れを感じます。

これは震源の深さにも関係します。深いところで起きた地震は、マグニチュードが大きくても揺れは小さくなります。ちなみに私たち専門家は、震源が深さ一〇キロメートルだと「浅いな」と思い、深さ六〇キロメートルだと「深いな」と思います。

さて、揺れを決める要因にはもう一つ大事なことがあります。自分が立っている地盤が堅固なものか軟らかいものかで、揺れは大きく変わってきます。

いわば、こんにゃくの上にいるのか、大阪名物「岩おこし」の上にいるのかの違いのようなものです。実際には、海岸近くの埋め立て地や大きな河川沿いの軟弱な地盤地域では、揺れが増幅され被害が大きくなります。

マグニチュードのエネルギー

さて、地震の規模を示す「マグニチュード」と「エネルギー」の関係を見ておきましょう。マグニチュードは数字がひとつ大きくなると、地下から放出されるエネルギーは三二倍ほど増加します。また、数字が0・2大きくなるとエネルギーは約二倍になります。つまり、マグニチュード7・2がマグニチュード7・4になると、エネルギーは二倍ほどになるのです。

マグニチュード7とマグニチュード8はたった1の数字の違いですが、ものすごく大きなエネルギーの差になるのです。

東日本大震災以後、マグニチュード7や6が頻発したため、私たちは地震の巨大なエネルギーに鈍感になっています。しかし、東日本大震災の放出エネルギーは、一九二三年の関東大震災の約五〇倍、また一九九五年の阪神・淡路大震災の約一四〇〇倍にもなったのです。このようなマグニチュードの数値が示すエネルギー量の違いを、直感的につかんでいただきたいと思います。

二種類のマグニチュードとは

ところで、このマグニチュードには、二つの測り方があるのをご存じでしょうか。「気象庁マグニチュード」と「モーメントマグニチュード」と呼ばれるものです。

マグニチュードは、震源から一〇〇キロメートル離れた標準的な地震計の針が揺れた最大値から求められます。これは気象庁マグニチュード（Mjと書きます）ですが、M8・5くらいで頭打ちになり、それより大きな地震は計測できません。

そこで、巨大な地震を測ることができるモーメントマグニチュード（Mwと書きます）が新しく考案されました。これは断層の面積（長さ×幅）とずれた量などから算出します。

断層運動の規模そのものを表すモーメントマグニチュードを使えば、巨大地震のエネルギーを正確に見積もることが可能です。よって、国際的に広く用いられている方法となっています。

日本では地震が発生すると、まず国土交通省に属する気象庁が情報を発信します。地震計から届いた最大揺れ幅などの限られたデータを使い、迅速に気象庁マグニチュードを決定して発表するのです。これは比較的短い時間で出せる長所があるのですが、地震が巨大になると、正確さに欠けます。

一方、モーメントマグニチュードは、その決定までに時間がかかります。このため、地震が起きると最初に気象庁マグニチュードが発表され、後に正確なモーメントマグニチュードによって訂正される、という仕組みで運用されています。

東日本大震災も気象庁は最初の東北地方太平洋沖地震に対して、発生直後に気象庁マグニチュード7・9を発表しましたが、二時間四五分後にモーメントマグニチュード8・8と訂正しました。さらに、データの再検討によって、二日後にモーメントマグニチュード9・0と確定したのです。

現在もモーメントマグニチュードは、気象庁の職員が全世界の約四〇か所から送られてくるデータをもとに、手作業で算出しています。そのため決定されるまでにどうしても時間がかかるのです。

このデジタル時代になんとアナログなことをしているのだ、と思われるかもしれません。しかし、科学の最先端の現場は、意外にアナログの手作業なのです。デジタル化するためにコンピュータへさまざまなデータを入力し、結果を人間が検討しなければならないという場面が、まだたくさん残っています。科学が魔法のようにはいかない理由が、ここにもあります。

私たちは便利なスマートフォンやスイッチ一つで動く生活家電に囲まれて、こうした実態が見えにくくなっています。しかし実は、スイッチ一つに至るまでには、たくさんの試行錯誤と手作業の積み重ねがあるものなのです。

自分の身を自分で守るために

私は一九九五年の阪神・淡路大震災が起きた直後に、神戸の被災地に入って調査を行いました。そのときに驚いたことがいくつもあります。全壊した家とまったく破損していない家が場所によってきっちりと分かれていたことです。これは地盤の状況を如実に表していたのです。

たとえば、六甲山地から流れ下る河川の自然堤防に当たる場所の家屋は、しっかり立っていました。ここは川が運んできた粒度の粗《あら》い礫《れき》などが地下を構成しており、比較的固い地盤となっていました。

それに対して、自然堤防から離れた地域の建物は、激しく倒壊していました。これらの土地は、川から運ばれた砂や泥などの軟らかい堆積物によって覆われた地域です。すなわち、硬い礫層の上か、軟弱な沖積層《ちゅうせきそう》の上かで、大きく揺れ方が異なっていたのです。

さらに、高台に近い場所では、同じ整地された区画でも被害状況がまったく異なる住宅群がありました。土地を整地したときに、削られた方の地盤の上に立っていた家は残り、盛り土をされた方の家はひどく崩れていました。

つまり、盛り土の分が軟弱な地盤となっていたのです。また、以前は溜め池であったところを埋め立てた地域にも、同様の大きな被害が出ていました。

小学校の理科の実験で白い紙に果汁で描いた図柄が、コンロで温めると浮かび上がってきたのを覚えていると思います。このように、強い揺れは、地面の下に隠されていた地盤の様子をあぶり出してしまったのです。

もっとも、倒壊を免《まぬが》れた家屋でも、家の中は洗濯機がかき回したようにぐちゃぐちゃでした。家はしっかり残っていても、箪笥《たんす》の下敷きになって圧死した方が大勢いました。反対に、家具を留めていただけで命拾いをした人の話もいくつも聞きました。

地震で怖いのはいつも「人災」です。地盤の良し悪しだけではなく、こうした家の中の状況も大地震が来る前に改善しておかなければならないのです。特に、就寝中に倒れてくる家具によって大ケガすることだけは、何としても避けたいものです。

阪神・淡路大震災の際には、最大震度7の地域が、東西方向に帯のように出現しました。ここでは、地面から突き上げる力が非常に強く、無重力の状態が一瞬起きるほどでした。これについて説明してみましょう。

地球上の物体にはすべて「重力」がかかっています。この力はGという記号で表します。重力加速度の単位ですが、1Gは地球上の物体にかかる力です。この1Gを超える力が上向きにかかると、無重力になります。

遊園地のジェットコースターや急流すべりなどの絶叫マシーンで、重力に逆らったときに体感するあの感覚です。たとえば、スペースシャトルを打ち上げるときに宇宙飛行士にかかる力は3Gです。ちなみに、重力加速度が7Gを超えると人間は失神すると言われています。

阪神・淡路大震災で震度7を経験した私の知人は、テレビが宙に舞うのを見たと言っています。本当は、その本人も椅子ごと空中に飛び出していったはずなのですが……。

もし会社のオフィスで震度7に遭遇したらどうなるでしょうか。書類が紙くずのように飛び散るだけでなく、キャスターの付いた椅子やパソコンなど、壁に固定されていないすべての物体が飛び出すのです。スーパーマーケットならば、棚に並んだ商品が吹雪のように舞うでしょう。

地震の揺れが何分も続けば、オフィスは巨大な洗濯機の中で、机と人がかき回されたのと同じ状態になります。こうした中で生身の人間が無傷でいられるわけがありません。会社のロッカーや自宅の洋箪笥の下敷きになって重傷を受けないために、今からできることはたくさんあります。こんなことは科学の進歩を待たなくても可能なことなのです。

東日本大震災でも、前もって準備をおこたらず被害を最小限に食い止めた人がたくさんいます。私の大学時代の同級生である東北大学の宇田聡《さとし》教授は、仙台市内の研究室の本の散乱を、ベルト一本で防いでいました。本棚はすべて壁に固定してあるだけでなく、本棚の前にかけられたベルトが、膨大な書籍の散乱を防いだのです。

「ベルト一本でも十分に有効だった。なぜみんなはこうしなかったのだろう」と彼は私に語ってくれました。彼は宮城県沖地震が到来することを予測して、このような処置をしていたのです。まさに科学の力を知り、なおかつ自分ができることを行った人の行動そのものであり、ぜひ参考にしていただきたいと思います。

私も同様の準備を我が家の寝室にしています。頭の上に落ちてくるものは何もないように、本棚や家具などすべてを片付けたのです。厳密には、小さなカタツムリのぬいぐるみが落下するだけです。

商売柄、私はたくさんの本をかかえて暮らしているのですが、一念発起してすべての本を一部屋にまとめました。二三連ある本棚もすべて固定してあります。

マンションのため天井に穴をあけることができないので、家具屋さんに頼んですべての本棚を鉄の棒で互いに連結してもらいました。いとも簡単にできたのですが、これで本棚の倒壊は完全になくなりました。

皆さんの中には、すでに固い地盤の上に建てられた耐震性の高い家に住んでいる方もおられるでしょう。しかし、もし家具が固定されていなければ、大ケガをする可能性はちっとも減っていないのです。家屋の無事が確保されても、室内で重傷を負わないように、今日から準備していただきたいと思います。

2011年3月11日、東北地方太平洋沖地震と巨大津波(東日本大震災)により11,000の建造物が破壊された(写真:iStockphoto)

第二章　首都直下地震という新しいリスク

【対談―二】 鎌田浩毅×室井滋

「東京にも大きな地震が来るのですか?」

室井　この数年、各国で発生した巨大地震が、世界の地盤をおかしくしてしまったようなことはありますか?

鎌田　いや、それはないですね。世界中の地震が連動して起きるわけではない。ひとえに、北米プレートの端の一部が跳《は》ね返る、一〇〇〇年に一度のタイミングに当たったということだけです。

室井　スマトラ島では二〇〇四年にM9が来て、その後もずっと地震や噴火などが続いていますよね? それとも関係はないんですか?

鎌田　関係はありません。スマトラ島はインド洋にありますから、まったく別のプレートの現象です(図版1―1、41ページ)。

室井　影響し合うことはないんですね。

鎌田　ないです。東日本大震災は太平洋プレートの沈み込みで起き、東海・東南海・南海地震の三連動はフィリピン海プレートによって発生し、それぞれが別の時間軸で動いているのです。

ただし、太平洋プレートとフィリピン海プレートは接しているので、三連動地震にまったく影響しないと言うことも難しい（図版序―1、23ページ）。「3・11」以後、日本列島は変わってしまったので、三連動地震に対して、より注意しなくてはならないのは事実ですね。

室井　東日本大震災と同じ震源域で、何年も地震が起きるんですよね。内陸部でも「誘発地震」が続いていましたから、これから大変なことになりますね。

鎌田　そうです。特に、直下型地震があちこちで起きることを私は心配しています。

室井　二〇一九年の暮れにＮＨＫの『パラレル東京』という首都直下地震を想定したドラマに出演しました。

鎌田　東京も例外ではありませんね。

室井　今まで意識もしなかった地球の変動が、自分たちの生活に大きくのしかかってくるということですね。

鎌田　そうです。海域で起きる「余震」、陸域で起きる「誘発地震」、活火山の「噴火」という三つを、自分の人生のスケジュールに入れなくてはなりません。

室井　かなり深刻な事態ですね……。実は私、東日本大震災のときに「予知」と言える体験をしているんです。これは一回だけでなく、その後も続いています。地震の前には体がだるくなったり……。

そして「あ、来るな」と感じるのは地震発生の四〜五分くらい前なんです。私の「体」が数分前に察知したんでしょうか。ところで、この「四〜五分」というのは地震学的には何かありますか？　たとえば震源地との距離による時間差で、地震の「何とか波《は》」が出ているのを感知して叫んだ、とか？

鎌田　大きな揺れを起こす「S波」の前に来る「P波」の話ですね。それもありえますが、四分は少し長いかな。一分くらいならありえると思うのですが。宮城県沖の震源から東京まで四〇〇キロはありますよね。地震のときに出るS波は一秒で四キロ走ります。P波が一秒七キロです。

つまり、四〇〇キロ離れていると、P波は四〇〇÷七キロで五七秒で到着。そしてS波は四〇〇÷四キロで一〇〇秒で襲ってくるので、その差は約四三秒くらい。

そうすると、大揺れの一分前弱くらいにP波がやってくる勘定になります。ですから四分前はかなり早い。

室井　それって何なんでしょう？

鎌田　室井さんの「体」のほうが、「地震計」としては機械よりも優れているということですね（笑）。もう一つ地球科学の面から重要なことがあります。それは「プレスリップ」という現象です。「前兆すべり」ともいいます。

室井　プレートが沈み込むことでしょうか？

鎌田　ええ、その一部です。プレートがぐっと押されてボンと跳ね返って、大地震が起こりますよね。そのボンと跳ね返るのが、一気にではなく、少し前から動くことがある。「数か月前」「一週間前」「一時間前」「数秒前」と時間スケールはいろいろなのですが、ボンの前に「ズルズル」と動くんですね。その「ズルズル」を「プレスリップ」というんです。

つまり、室井さんが四分前に、「プレスリップ」から発生した電磁波のようなものを感じた可能性はあります。ただ東日本大震災では機器観測上、地震学的な「プレスリップ」が発見されなかったんですね。

室井　じゃあ、それじゃないんですね？

鎌田　今回、岩盤中に力学的に起きたことを精密に観測したら「プレスリップ」はなかった、と地震学者は言っています。しかし、また別の「前兆」があったかもしれません。たとえば、地震の前に上空の電離層に乱れが生じていたことが観測されています。そうした変化を、動物的な「体」が感知した可能性はありますね。

室井さんの場合、その後も何回か「予知」しているんですよね。まず、三月一一日午後二時四六分の「ガツン」とした一撃を体が学習した。それを「意識」によって認識し直して、体験を強化した。そうすると「私は地震の前にわかるんだ」と無意識にもフィードバックされる。次に来るときには、もっと明確なサインを出すようになったのではないかと思います。

室井　「体」が、ですか。

鎌田　そうです。「体」にはそういう能力がある。ユングなど二〇世紀に輩出した多くの心理学者の解釈ではね。

室井　それなら私、これからだるくなるときには、気をつけなきゃ。

鎌田　そして、地震が終わると、だるいのも治る。

室井　そうなんです！

鎌田　それが大事です。地震を予知して、体感して、終わるとリセットされるんです。その後しばらくすると忘れてしまう。体の感覚としてわかる「人間」地震計ですね。

役者さんもそうですけど、身体に関心がある人は人間地震計として優れているんじゃないか、と私は思っています。芸術家こそ自分の体で開発してほしい。

室井　自分の体が何やら覚醒したみたいで怖いですね。でも、私が直観的な人間なのは確かです。体験したことを五官で記憶しているみたいなところがある。動物的なカンは人より鋭いかな、とは思います。

だからケガとかも、あんまりしないんです。すごい転び方しても、タクシーに乗って事故に遭っても、事故の直前にどこかをつかんでたりして、いつも無事なんです。

鎌田　それはすごい！　その「生命力」というか「直観力」は、生きる上でとても大事なポイントです。

室井　東京に来るかもしれない直下型地震でも、そういう体感が起きれば、何かのお役に立てるかもしれませんね。

鎌田　そうなれば素晴らしい。こういう研究ももっと進むとよいですね。

【本論】直下型地震と活断層のことを知る

リスクが高まった内陸部の直下型地震

東日本大震災の直後から、震源域から何百キロメートルも離れた内陸部で規模の大きな地震が発生しています（図版序―1、23ページ）。たとえば、三月一二日午前三時五九分に長野県北部でM6・7の地震が起きました。

この地震は震源の深さ一〇キロメートルという浅い地震で、長野県栄村で震度6強を記録し、東北から関西にかけての広い範囲で大きな揺れを観測したのです。また、三月一五日午後一〇時三一分には、静岡県東部でM6・4の地震があり、最大震度6強の観測でした。

これらの地震は、典型的な内陸型の直下型地震です。二〇〇四年の新潟県中越地震や二〇〇七年の新潟県中越沖地震と同じタイプの地震なのです。

海域で巨大地震が発生したあと、遠く離れた内陸部の活断層が活発化した例は、過去にも多数報告されています。

たとえば、一九四四年に名古屋沖で東南海地震（M7・9）が起きた一か月後の一九四五年に、愛知県の内陸で三河《みかわ》地震（M6・8）が発生しました。また、一八九六年に三陸沖で起きた明治三陸地震（M8・5）の二か月半後には、秋田・岩手県境で陸羽《りくう》地震（M7・2）が発生しました。

もうおわかりでしょう。このタイプの地震は、第一章で述べたような海の震源域の内部で起きた「余震」ではなく、新しく別の場所で「誘発」されたものです。東北・関東地方の広範囲にわたり、直下型の誘発地震への警戒が、今、一番備えなければならない最重要の課題となったのです。

激甚災害「首都直下地震」の可能性

こうした内陸型の直下型地震は、時間をおいて突発的に起きます。太平洋プレートと北米プレートの境界で起きる余震とはまったく別個に、内陸の広範囲でM6〜7クラスの地震が散発的に誘発されるのです。その結果、東北地方、関東地方、中部地方の東部では、これからも最大震度6弱程度に至る揺れが予想されます。

図版2−1　陸のプレートと海のプレートの地震発生前および発生後の位置関係の模式図

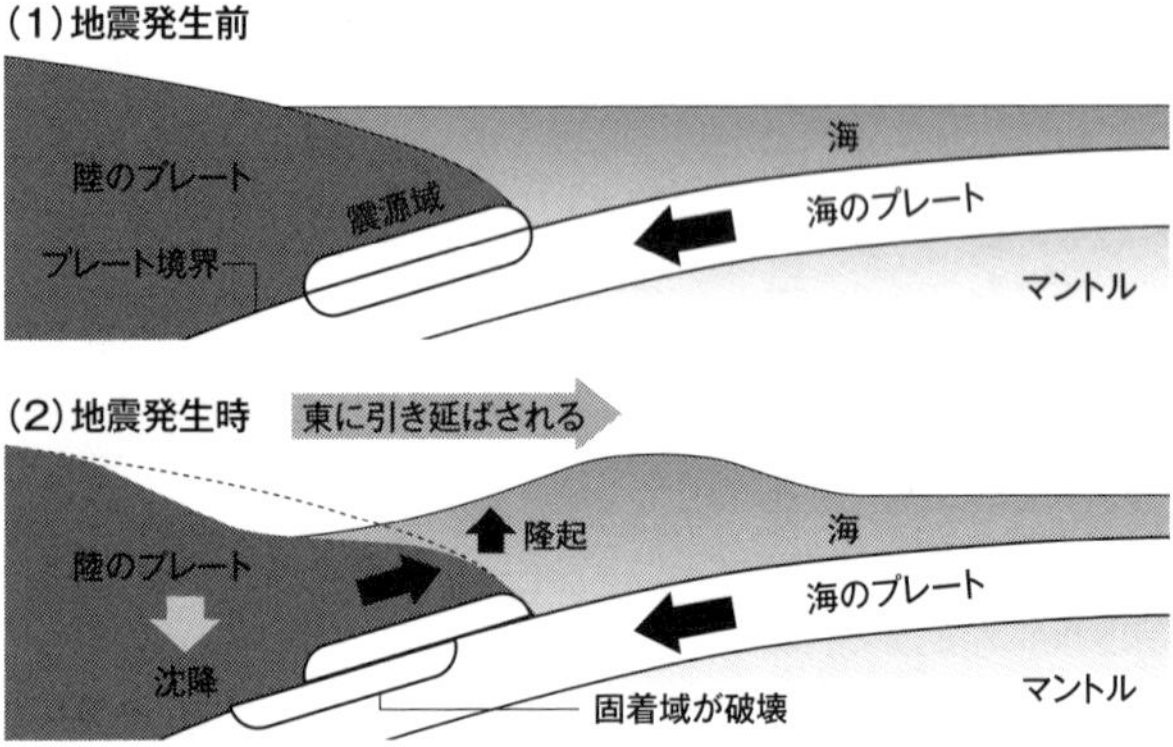

では、なぜ余震域でないところで地震が起きてしまうのでしょう。こうした内陸性の直下型地震は、東日本の岩盤が東西方向に伸張したことによって起きたものです（図版2—1）。

地面が引っ張られたことで陥没する「正断層型」の地震が、「3・11」以降に突然発生し始めたのです。なお正断層型と逆断層型の地震については、あとでくわしく述べましょう。

これらは今後も時間をおいて突発的に起きる可能性があります。すなわち、太平洋上のM9の震源域で起きる余震だけではなく、東日本の内陸の広範囲でM6〜7クラスの地震が「誘発」される恐れがあるというわけです。

ここでちょっと整理をしておきましょう。地震には大きく分けて、「海で起こる地震」と「陸で起こる地震」の二つがあります。

第一のタイプは太平洋岸の海底で起きる地震で、莫大《ばくだい》なエネルギーを解放する巨大地震です。陸のプレートと海のプレートの境にある深くえぐれた海溝《かいこう》で起きるため、「海溝型地震」とも呼ばれます。このタイプは、M8〜9クラスの地震を発生させると予想されています。また、海で起こる地震は、今回のように津波が伴います。

もう一つのタイプの陸で起こる地震は、文字どおり足もとの直下で発生します。新聞やテレビなどでは「直下型」や「内陸型」などさまざまな表現がありますが、震源地が内陸であると考えれば十分です。

この地震はその後に頻発している新潟県中越沖地震や岩手・宮城内陸地震、さらに熊本地震、大阪府北部地震、北海道胆振《いぶり》東部地震のような地震で、一九九五年に阪神・淡路大震災を起こした兵庫県南部地震もその一つです。これはM7クラスの地震であり、主に活断層が繰り返し動くことで発生します。

こうした直下型地震は震源が比較的近く、かつ浅いところで起きたという特徴がありま す。また震源地が人が住んでいるところと近いため、発生直後から大きな揺れが襲ってくるので、逃げる暇がほとんどありません。特に、阪神・淡路大震災のように、大都市の近くで短周期地震動をメインとする地震が発生すると、建造物の倒壊など人命を奪う大災害をもたらす非常に厄介な地震です。

いかに巨大なエネルギーを解放する地震でも、そこに人が住んでいなければ、あるいは壊れてくるものがなければ、被害は最小限に抑えられます。しかし、それほど大した地震でなくても、ビルが密集し、また空き地がほとんどない都市では、その被害は甚大なものとなってしまうのです。

実は、誘発地震の直撃する地域の中でも最も心配な場所が、東京を含む首都圏です。首都圏も東北地方と同じ北米プレート上にあるため、活発化した内陸型地震が起こる可能性が十分にあります。ここでM7クラスの直下型地震が突然発生することが、最大の懸念となっています。

かつてこの地域では大被害があったことが記録に残っています。一八五五年に東京湾北部で安政江戸地震（M6・9）が発生し、四〇〇〇人を超える死者が出ました。また最近では、二〇〇五年七月にM6の直下型地震が発生し、首都東部が震度5強の強い揺れに見舞われ、電車が五時間以上もストップしました。

国の中央防災会議は、首都圏でM7・3の直下型地震が起こった場合の被害を予測しています。一万一〇〇〇人の死者、全壊および焼失家屋六一万棟、九五兆円の経済被害が出ると想定しているのです。今回の地震によって事実上、東日本の内陸部では首都圏も含めて直下型地震が起きる確率が高まった、と考えたほうがよいでしょう。

日本で地震の起こらない場所はない

日本はどの場所も地震から逃れられないことが、いまだに常識となっていません。それを物語るように、私が講演会で地震について話をすると、「地震が来ないところを教えてください」と皆さんが聞いてきます。本当に、日本には安全を約束できる場所はまったくないのです。

たとえば、日本列島には「活断層」が全部で二〇〇〇本以上もあります。これらはいずれも何回も繰り返して動き、そのたびに地震が発生します。一方、その周期は千年から一万年に一回くらいであり、人間の暮らす尺度と比べると非常に長いのです。

日本列島のどこかで巨大な力が解放されて地震が起きますが、そのどこかは日本の全国土と考えて差し支えありません。

地球上では、断層が一回だけ動いて、あとは全然動かないということはありえないのです。一回動く断層は何千回も動くものであり、これが地球の掟《おきて》です。つまり活断層が見つかったら、そこで過去に何千回も地震が起きていたことを示しているのです。

これまで非常によく動いてきた断層は、これからも頻繁に動く可能性があります。他方、それほど動かなかった断層は、今後もあまり活発には動きません。こうした特徴を個々の断層ごとに研究者は調査します。

国の地震調査委員会は、日本列島に二〇〇〇本以上存在する活断層の中でも、特に大きな地震災害を引き起こしてきた一一四本ほどの活断層の動きを注視してきました。

東日本大震災は、東日本が乗っている北米プレート上の地盤のひずみ状態を変えてしまいました。そのために地震発生の形態がまったく変わった、と考える地震学者も少なからずいます。

実際、地震のあとに日本列島は五・三メートルも東側へ移動してしまいました。また太平洋岸に面する地域には地盤が一・六メートルも沈降したところがあるのです。巨視的に、見ると、東北地方全体が東西方向に伸張し、一部が沈降したと言えます（図版2—1、68ページ）。つまり、陸地が海側に引っ張られてしまったのですが、これは海の巨大地震が起きたあとに必ず見られる現象です。

では、このことは何を意味するのでしょうか。今まで巨大な力で押されていた東北地方や関東地方が乗っている北米プレートが、今度は思いきり水平方向に引き延ばされたのです。その結果、今までとは違った力が地面に働き出しました。

これまでは、横から押されることによって、地面の弱い部分が耐えきれなくなってせり上がる断層が、内陸で直下型の地震を起こしてきました。私たちは地質調査からこうした断層（「逆断層」といいます）を見つけ、地図に記入してきました。もちろん、そのデータは活断層地域として、専門家でなくとも一般の人々も簡単に手に入れることができます。

ところが今度は、ゴムを伸ばすように大地が引き延ばされたのです。そして地殻の弱いところが断層として動き出します。今度の断層は「正断層」といいますが、困ったことに今まで地震が起きてこなかった場所でも地震が起き始めました。

では、こうした直下型地震は、いつ起きるのでしょうか。結論から言えば、予測はほとんど不可能です。というのは地震を起こす周期は数千年という長いスパンであり、その誤差は数十年から数百年もあるからです。社会が要請するような何月何日に地震が起きるという予知は、もともと無理なのです。

困ったことに、活断層は現在調べられている他にもたくさん存在します。山野に隠れていた未知の活断層が直下型地震を起こした例も少なくありません。たとえば、二〇〇〇年の鳥取県西部地震や二〇〇八年の岩手・宮城内陸地震は、それまで未知であった活断層が動いたものです。

地震の発生後に活断層が発見された報告も珍しいことではないのです。よって、私はどこで新しく活断層が発見されても、またどこで直下型地震が起きてもまったく驚きません。

活断層とは何か

ところで、活断層はどのようにして見つけるのか、お話ししておきましょう。最初に、空中写真によって真上から撮影した地形をくわしく判読することから始まります。断層は直線状に岩盤を割るので、一直線に延びる崖として残されています。こうした崖に沿って活断層がまっすぐに走っているのです。

また、活断層の上を川が横切っている場合に、何本もの川がある線を境にして曲がっていたりします。たとえば、複数の川が同じ方向を向いて屈曲《くっきょく》しているのです。この屈曲地点を結ぶ線の地下に、一本の活断層が隠れているのです。

こうした大まかな情報を得たあとに、今度は実際に現場を歩いてみて、地面がずれてい

図版2−2　首都圏周辺の活断層と震源

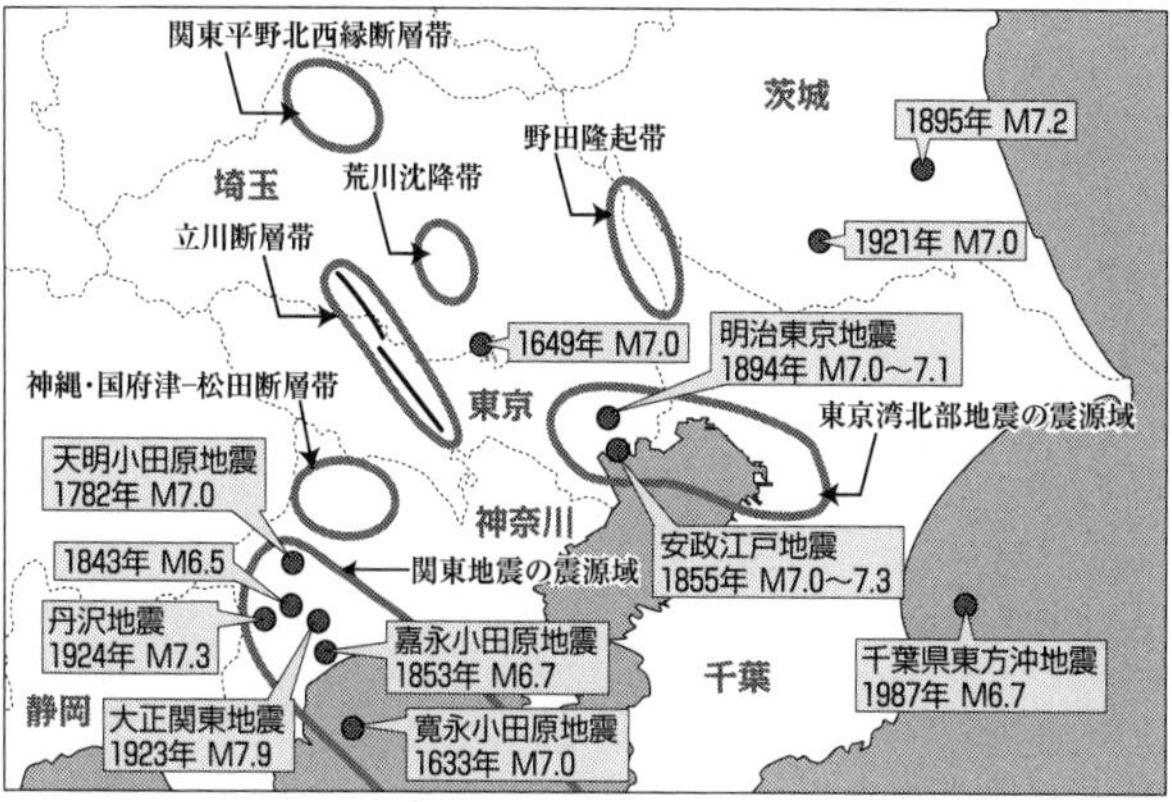

筆者作成。

る証拠を見つけます。地層の縞《しま》もようがずれている箇所をくわしく観察していくのです。特に、新しく堆積した地層を断ち切っているところに活断層があります。なお、私たち地球科学者が「新しく堆積した」と言っても、だいたい一三万年くらい前のことですが。

さて、活断層が地上に出ると崖などの地形に現れますが、地下に隠れている場合もあります。「伏在《ふくざい》断層」と呼ばれるものですが、このような埋もれた活断層を見つけることも大変重要です。経験的には、マグニチュード3以下の小さな地震が頻発する場所が直線上に連なっていると、その地下に伏在断層がある可能性があります。

また、地表で重力を精密に測定することに

よって、地下の岩盤に断差がある場所が見つかります。さらに、人工の地震を発生させて地震波の反射を観察し、岩盤のずれを見つけ出すことも行います。

こうした手法の他、ボーリングといって地面を掘ることでも、岩盤がずれている場所とずれの量を確認します。地下に埋もれた活断層は、このような大がかりな調査（物理探査といいます）によって発見されるのです（図版2—2）。

活断層は現在の地図に記されているもの以外にも、たくさん存在することはぜひ知っておいていただきたいと思います。調査をすればするほど、日本列島では新たに活断層が見つかってくるのです。したがって、自分の今住んでいるところに活断層が報告されていないからといって、必ずしも安心はできないのです。

予測できない「陸の地震」

地球科学はずいぶんと地下の情報を明らかにしてくれましたが、科学は万能ではありません。ここで少し科学の意義について考えてみましょう。最初に、自然科学の歴史をふり返ってみます。

そもそも科学は、フランスの哲学者デカルト（一五九六～一六五〇）が物質と精神を分けた一七世紀から始まりました。それまではキリスト教の世界観が、人々の生活から思考までのすべてを支配していました。一五世紀に花開いたルネサンスは、まずは思想や芸術の面から人々を解放していきました。

その後、自然のくわしい観察から「科学」が誕生しましたが、新しい見方は時には古い勢力と対立しました。たとえば、地動説を支持したガリレオ（一五六四〜一六四二）が宗教裁判にかけられた話はあまりにも有名です。

この後も科学と宗教の間で先鋭な「闘争」が続きました。例を挙げると、一九世紀になってもダーウィン（一八〇九〜一八八二）が進化論を慎重に唱えたように、自然科学は社会の動きとまったく無縁に進んできたのではありません。

私の専門である地球科学でも、一八世紀に「地質学の父」と呼ばれるジェームス・ハットン（一七二六〜一七九七）が黎明《れいめい》の扉を開けて、一九世紀にチャールズ・ライエル（一七九七〜一八七五）が近代地質学を確立してから、わずか二〇〇年ほどしかたっていません。その後、科学が純粋に知的好奇心を満たす目的のためだけに研究されたのは、二〇世紀からだと言っても過言ではないでしょう。

さて、地球科学では統計学に基づいてデータを解析します。過去のデータは非常に重要な判断材料となります。しかし、日本で地震や地殻変動の観測が始まったのは、明治時代の後半からです。その観測結果がたかだか一〇〇年分では、東日本大震災のように一〇〇〇年ぶりの地震に対する推移の予測は、きわめて困難となります。

東日本大震災は、西暦八六九年に起きた貞観《じょうがん》地震の再来です。最近の研究でこの貞観地震の規模はM8・4と推定されていたのですが、実際には「3・11」ではM9・0の超巨大地震が起きてしまいました。

つまり、M9が発生するとは想定できなかったことそのものが、科学の限界なのです。さらに、二〇一一年三月という時期を特定してこれが起きると考えていた地震学者は、世界中に一人もいませんでした。

我々は地球の歴史四六億年を対象にしているので、一〇〇〇年前くらいはごく最近のことです。たとえば、二〇〇〇万年前以後の日本列島の動きは、特にくわしく調べられています。この頃から列島はユーラシア大陸から分離し、独特の歴史を歩んできたこともよくわかっています。

一九九五年に起きた阪神・淡路大震災のあとから、日本の全域で高感度の地震計や全地球測位システム（GPS）などの観測網が整備されました。しかし、日本列島の歴史から見ると瞬《まばた》きのような数年という時間単位での解析は、実際には不可能です。つまり、今から数か月先、数年先という現実的な予測となると、話は急に難しくなるのです。

一つ例を挙げると、「3・11」から始まった、地面が引っ張られるような正断層型の地震がどこに起きるかは、まったくと言ってよいほど予測がつきません。いわば「ロシアンルーレット」の状態です。それを物語るように、「3・11」以前は地震の空白地帯であった福島県も、「3・11」以降は地震の頻発地になっています。今後もそのような場所が次々と現れてくるでしょう。

人間は自ら活断層のそばに住んできた

ところで皆さんの中には、「なぜ自分たちの住んでいるところにばかり地震が来るのだろう」と思われる方もいるかもしれません。あるいは、「どうして先祖たちは地震の来ないところに住んでくれなかったのだろうか」とは考えたりしませんか。

実は、理由はこうなのです。地震が私たちの住んでいるところを選んで起きるのでは決してありません。また、先祖に科学の知識がなかったからでもありません。むしろその逆なのです。

図版2−3　日本列島を襲った大地震

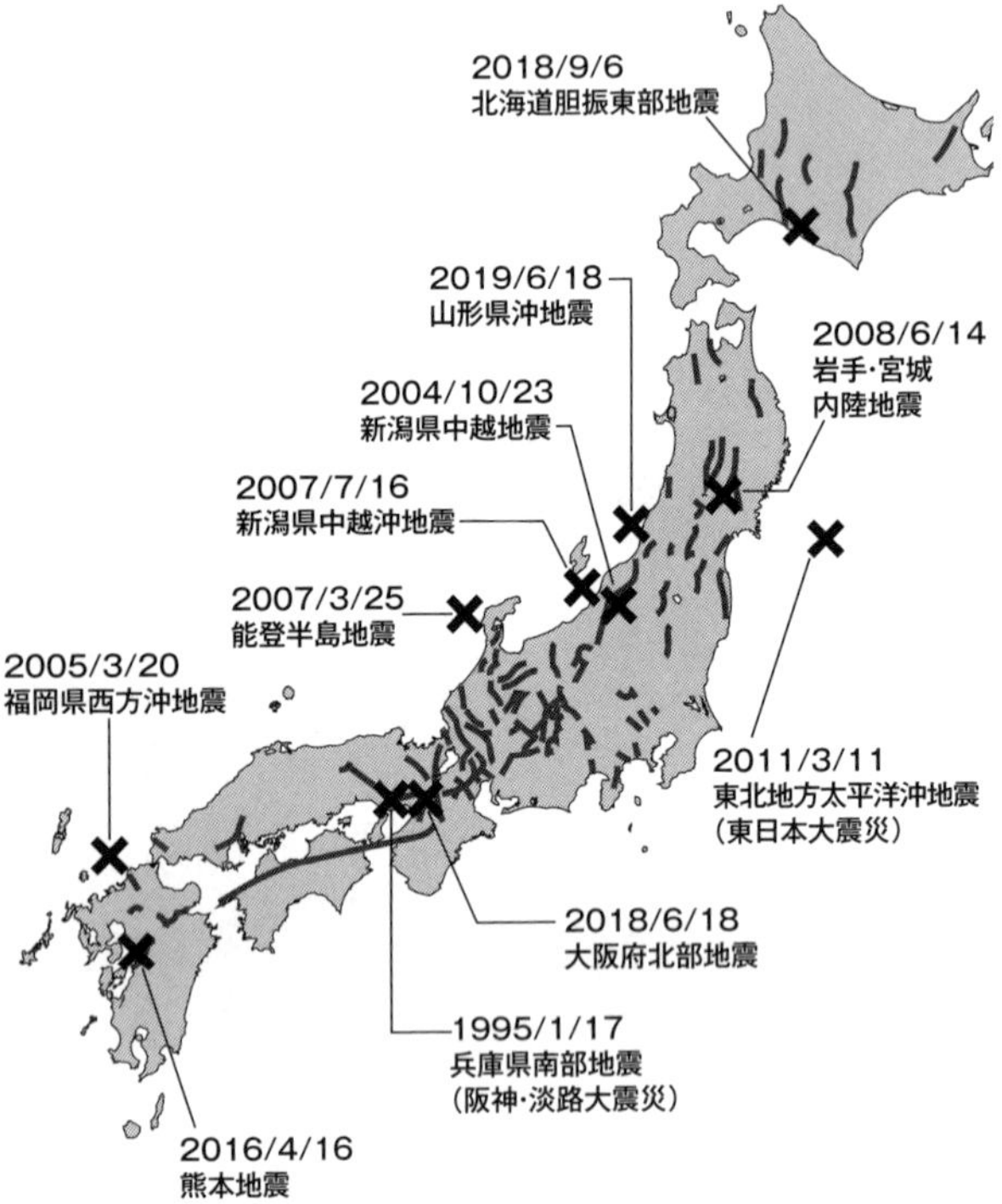
2018/9/6
北海道胆振東部地震
2019/6/18
山形県沖地震
2008/6/14
岩手・宮城
内陸地震
2004/10/23
新潟県中越地震
2007/7/16
新潟県中越沖地震
2007/3/25
能登半島地震
2005/3/20
福岡県西方沖地震
2011/3/11
東北地方太平洋沖地震
（東日本大震災）
2018/6/18
大阪府北部地震
1995/1/17
兵庫県南部地震
（阪神・淡路大震災）
2016/4/16
熊本地震

人間は、地震の来るところに好んで住んでいるのです。その場所が住み心地がよく、人間にとってさまざまな点で都合がよいから、延々と何千年も人間は「地震の巣」の上に住みついてきたのです。

たとえば、人の生活に欠かせない水について考えてみましょう。私の住む京都は、東と北と西の三方を山に囲まれた盆地にあり、それぞれ東山、北山、西山と呼ばれてきました。この盆地の縁には花折《はなおり》断層と黄檗《おうばく》断層、北山断層、西山断層などの活断層があり、数千年おきに直下型地震を起こしてきました。また、琵琶湖の京都寄りには「琵琶湖西岸《びわこせいがん》断層帯」がありますが、ここで発生する地震のマグニチュードは7・1と予測されています。

マグニチュード7クラスの大地震が起きるたびに、山は隆起します。高くなった山では降雨のたびに表面の土砂が流されます。その結果、長い年月をかけて土砂が盆地に流入し、堆積層をつくっていきます。こうして京都を囲む三方の山と中央の平らな盆地が、数百万年の時間をかけてできあがってきたわけです。逆に言えば、活断層がなければ京都盆地は存在しなかったのです。

こうした盆地の下には、大きな水瓶《みずがめ》ができます。水を通しにくい硬い基盤岩の上に、水を通す堆積層が何百メートルも重なっているからです。ここに貯えられた豊富な水が、京都盆地のまん中でこんこんと湧き出しています。

この湧き水から酒をつくり、豆腐や湯葉をつくり、また京友禅《きょうゆうぜん》を洗ってきたのです。近年では、半導体による最先端エレクトロニクス産業もまた、京都盆地で潤沢に供給される水から生み出されました。

すなわち、二〇〇〇〜三〇〇〇年に一回起こる地震の営力が生み出した豊富な地下水を求めて、私たちの先祖は京都に都を造営し、産業を生み出し、そこに伝統と文化が生まれたのです。日本が世界に誇る文化と科学技術は、活断層がつくった水瓶のおかげ、とも言えるのです。

こうしてみると、水がある場所を求めて集まってきたのは人間のほうです。流入した土砂は風化し、肥沃《ひよく》な土壌となります。農作物はその肥沃な大地に育《はぐく》まれました。

もし、地震もなく断層による地面の隆起が起こらなければ、現在の京都の場所は丹波山地のような山々に囲まれた地域となっていたでしょう。そうなると、たくさんの人が集まることはできず、奈良から遷都《せんと》されることもありえません。

人々が集まって都市に成長するためには、豊かな土壌と水の湧き出す広大な土地が必要でした。つまり、大地震は人口が集中した大都市のすぐそばに起こることが、初めから決まっているのです。

今こそ必要な「長尺の目」

ところで、意外に思われるかもしれませんが、地震には「恵み」という面もあります。たとえば、居住や農業に適した平野や盆地は、平地の縁に地震を起こす断層があって山をつくってきたからできるのです。この山から流れてきた土砂が、豊かな土と平坦地をもたらしてくれました。

同じように、活断層の上には、山越えの街道となる谷ができます。温泉や湧き水をもたらすのも、岩盤を割る断層のおかげです。

すなわち、一時的に直下型地震という災害を受ける以外の長い時間、我々はこうした恵みを享受しているのです。見方を変えれば、直下型地震は数千年に一回しか来ないので、来たときに数十秒の大揺れを何とかしのげばよいのです。

確かに、いつ起きてもおかしくない直下型地震への準備は大切ですが、このように長いスパンで自然現象を捉える見方も非常に大事です。私は「長尺《ちょうじゃく》の目」と呼んでいるのですが、専門としてきた地球科学の研究の中で培《つちか》われてきた視点です。

時間的に、また空間的に大きなスケールで物事を捉える重要性を、私は三〇年以上も火山地域を調査する中で身につけました。かつて「富士山から教わった長尺の目」というエッセイには、「ここから自然を畏《おそ》れ敬《うやま》う気持ちが、自然と生まれてきました」と書いたことがあります（『知的生産な生き方』東洋経済新報社）。

こうした「長尺の目」を持ちつつ日本列島で落ちついて暮らすことも、とても大切なことではないだろうか、と私は考えています。

第三章　M9レベルになる「西日本大震災」と南海トラフ

【対談―三】鎌田浩毅×室井滋

「地震の予知はできないのでしょうか?」

室井　大きな被害を出した東日本大震災ですが、宮城県沖地震は九九・九パーセントの確率で起こると言われていたそうですね?　前から予測されていたのに、どうしてあれほどの被害になったのでしょう?

鎌田　実は、予測されていたのは、三〇年おきに一度起こる、M7・5レベルの地震のことなんです。これにしても歴史に残るレベルの大きな地震なのですが、三〇年に一度の地震と、東日本大震災のような一〇〇〇年に一度の地震では規模が全然違います。

室井　予測されていたものとはまったく違う「超」巨大地震だったんですね。

鎌田　そうです。私も三月一一日、地震の起こったときに京阪電車のホームにいました。電光掲示板を見たら「宮城県沖で地震発生」と出ていた。そこで「あ、宮城県沖で起きた。M7・5か。これは大変だ!」と思ったんです。でも、それより一〇〇〇倍も大きいとんでもない地震が起きてしまったことが、あとでわかりました。

室井　M7とM9では一〇〇〇倍も違うんですね。あのとき、M7・9という最初の発表からどんどん大きくなってM9まで上がっていったのは、なぜですか？

鎌田　マグニチュードを決めるのは「地震が起きた領域の面積」なんです。震源域といいますが、東日本大震災では最終的に「長さ五〇〇キロ×幅二〇〇キロ」となりました（図版序―1、23ページ）。

当初は初期の観測データをもとにM7・9、その後にはM8・8と算出したんですが、時間がたって、外国で観測されたデータが集まってくると、「三〇〇キロじゃなくて五〇〇キロまで地面が割れている」ということがわかってくる。ですから正確なマグニチュードを出すには、いつも少し時間がかかるんです。

室井　なぜどんどん大きくなるのかと思ったら、そういうことだったんですか。メディアの中には「原発事故の責任をカモフラージュするためじゃないか」と伝えているものもありましたから。

鎌田　いいえ、マグニチュードはきわめて科学的に決定されるものです。ただデータが集まるのに時間がかかるということです。だから、時間がたてば逆に小さくなることもあるんですよ。

室井　なるほど。そして東日本大震災は「一〇〇〇年に一回」というまれな地震と言われています。けれど、これは予測できなかったのでしょうか？

鎌田　「3・11」以前にこの規模の地震が起こったのは西暦八六九年。「貞観《じょうがん》の大地震」と言われているものです。実は、この地震について長年調べている研究者は「危ない」と国の委員会にも言っていたんです。

ただし、「活断層」を研究しているグループだけに伝わっていた情報で、彼ら以外は地震学者でも知らなかった。耐震や防災といった工学方面の人は、もっと知らなかったわけです。

今は地球科学の中でも「活断層だけの専門」というように、非常に細分化されてしまっています。世間では「想定外」ということに批判がありますが、隣の研究の細部まではわからないことが今回の悲劇を生んでしまったのですね。

室井　その貞観地震なんですが、当時の歴史書『日本三代実録《にほんさんだいじつろく》』によれば、その始まりは越中、つまり今の富山から起こったということなんですが。そのあと恐ろしい地震が続いて、富士山噴火などにも結びついていくようです。私みたいな富山県人からすると、歴史は繰り返すから、またそうした恐ろしいことが起こるのではと、とても心配です。

鎌田　それは大丈夫です。このレベルでの再現性はないです。このときの始まりがたまたま富山だっただけ。私たちがわかるのは「一〇〇〇年に一度、プレートが跳ね上がる巨大地震が起こる」という大ざっぱなことだけです。その先の細かな部分、どこから地面が割れ始めて、次にどこが動くか、ということは予測できません。

室井　それにしても、地震予知はなぜ不可能なんでしょう？

鎌田　「地面の状態」は、実はあまりよくわかってないのです。もし日本中に「ひずみ計」のようなものが数メートルおきにあって、そこのデータが二四時間リアルタイムで集約できるように観測できれば、わかるのでしょうが。

そして、「昨日からこの地域の岩石が引っ張られています」もしくは「押され始めています」などとわかれば、地震予報ができるかもしれません。しかし、実際にはそんなことは予算的にも不可能です。

室井　人体の中でガンを発見するように、定期的にレントゲンやＭＲＩで調べるようにしていればわかるのに、ということですね。

鎌田　それも一年に一回くらいではダメで、毎分のデータが必要です。もう日本列島は活動期に入ったのですから、少なくとも一日に一回は調べたいものです。

室井　そんなにずっと見ていなければならないほど、地震は急に起こるのですか。

鎌田　そうです。ずっとストレスがかかっていて、あるとき引き金が引かれるように突然地震が起きますから。地面が割れるのを前もって知ろうと思えば、常時観測していなければならないのです。しかも何日も前からの予知は不可能で、割れ始める数十秒前くらいしかできないのが現状です。

室井　直下型地震を起こす活断層についても、わかっているところもあれば、わからないところもあるというお話ですが。

鎌田　そのとおりです。むしろ、調べれば調べるほど活断層は出てくるんです。

室井　そうなんですか！

鎌田　たとえば、「物理探査」といいまして、地面で人工的に地震を起こして、地下の岩盤がずれていることを調べる。地下に埋もれた活断層がわかると、とたんにその場所の地価が下がるなんてことも起きます。時間と手間をかけて調べれば活断層はわかるのですが、高額な観測機と多くの人員を動員して、やっと町内の一部がわかる程度です。

室井　二〇二〇年の五月は二夜続けての地震が千葉県で発生し、緊急地震速報が大活躍していますが、あれは何なんですか？

鎌田　全国に二〇〇〇か所ある観測所からデータを気象庁に集めて、地震発生と同時に警報を出すんです。

室井　地震が起こってから出してるの？　地震が起こった瞬間から揺れが来るまで少し時間があるから、役に立つ場合もあるのですね。あと、大きさもわかりますよね。

鎌田　そうです。地震直後でもできることを情報としていち早く流そう、という発想です。そこまでは科学技術によってできています。

【本論】二〇四〇年までに連動で起こる「西日本大震災」

三つの大型地震が西日本で起こる

政府の地震調査委員会は、日本列島でこれから起きる可能性のある地震の発生予測を公表しています。全国の地震学者が集まり、日本に被害を及ぼす地震の長期評価を行っているのです。今後三〇年以内に大地震が起きる確率を、各地の地震ごとに予測しています。

たとえば、今世紀の半ばまでに、太平洋岸の海域で、東海地震、東南海地震、南海地震という三つの巨大地震が発生すると、予測しています。すなわち、東海地方から首都圏までを襲うと考えられている東海地震、また中部から近畿・四国にかけての広大な地域に被害が予想される東南海地震と南海地震です。

これらが三〇年以内に発生する確率は、M8・0の東海地震が八八パーセント、M8・1の東南海地震が七〇パーセント、M8・4の南海地震が六〇パーセントという高い数値です（図版3—1）。しかもそれらの数字は毎年更新され、少しずつ上昇しているのです。

図版3−1　「海の地震」の震源域

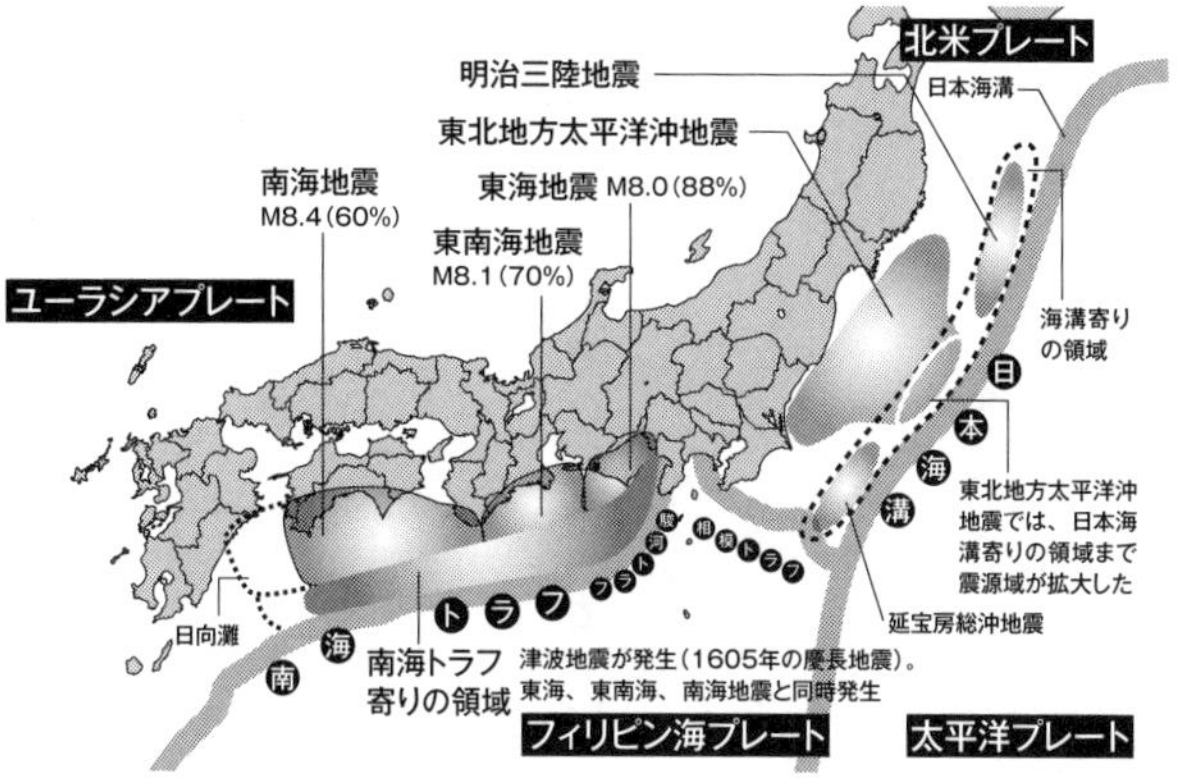

地震発生予測と緊急地震速報

地震の発生予測では二つのことを発表します。一つは今から何パーセントの確率で起きるのかです。巨大地震はプレートと呼ばれる二枚の厚い岩板《がんばん》の運動によって起きます。プレートが動くと他のプレートとの境目に、エネルギーが蓄積されます。この蓄積が限界に達し、非常に短い時間で放出されると巨大地震となります。

プレートが動く速さはほぼ一定なので、巨大地震は周期的に起きる傾向があります。この周期性を利用して、発生確率を算出するのです。

たとえば一〇〇年くらいの間隔で地震が起

きる場所を考えてみましょう。基準日（現在）が平均間隔一〇〇年の中に入っているケース、つまり、銀行の定期預金にたとえればまだ満期でない場合に、発生の確率は低くなります。しかし、基準日が満期に近づくと、確率は高くなります。実際には確率論や数値シミュレーションも使って複雑な計算を行います。

もう一つはどれだけの大きさ、つまりマグニチュードいくつの地震が発生するのかです。こちらは、過去に繰り返し発生した地震がつくった断層の面積と、ずれた量などから算出されます。

地震の予知は大変難しいので、現在は地震が起きてからできるだけ早く伝え、災害を減らすという方法もとられています。その一つが「緊急地震速報」という仕組みです（図版3―2）。

今から地震がやってくることを、大きな揺れが来る直前に、可能な限り迅速に知らせるのです。

緊急地震速報は、震源地から地震が発生した直後に出されます。そのために地震が起きる前に情報を出す「地震予知」とは区別されています。テレビ、ラジオ、スマートフォン、専用の端末機器などを通じて、揺れの始まる数秒から数十秒ほど前に、揺れの大きさ（震度）

図版3−2　緊急地震速報の仕組み

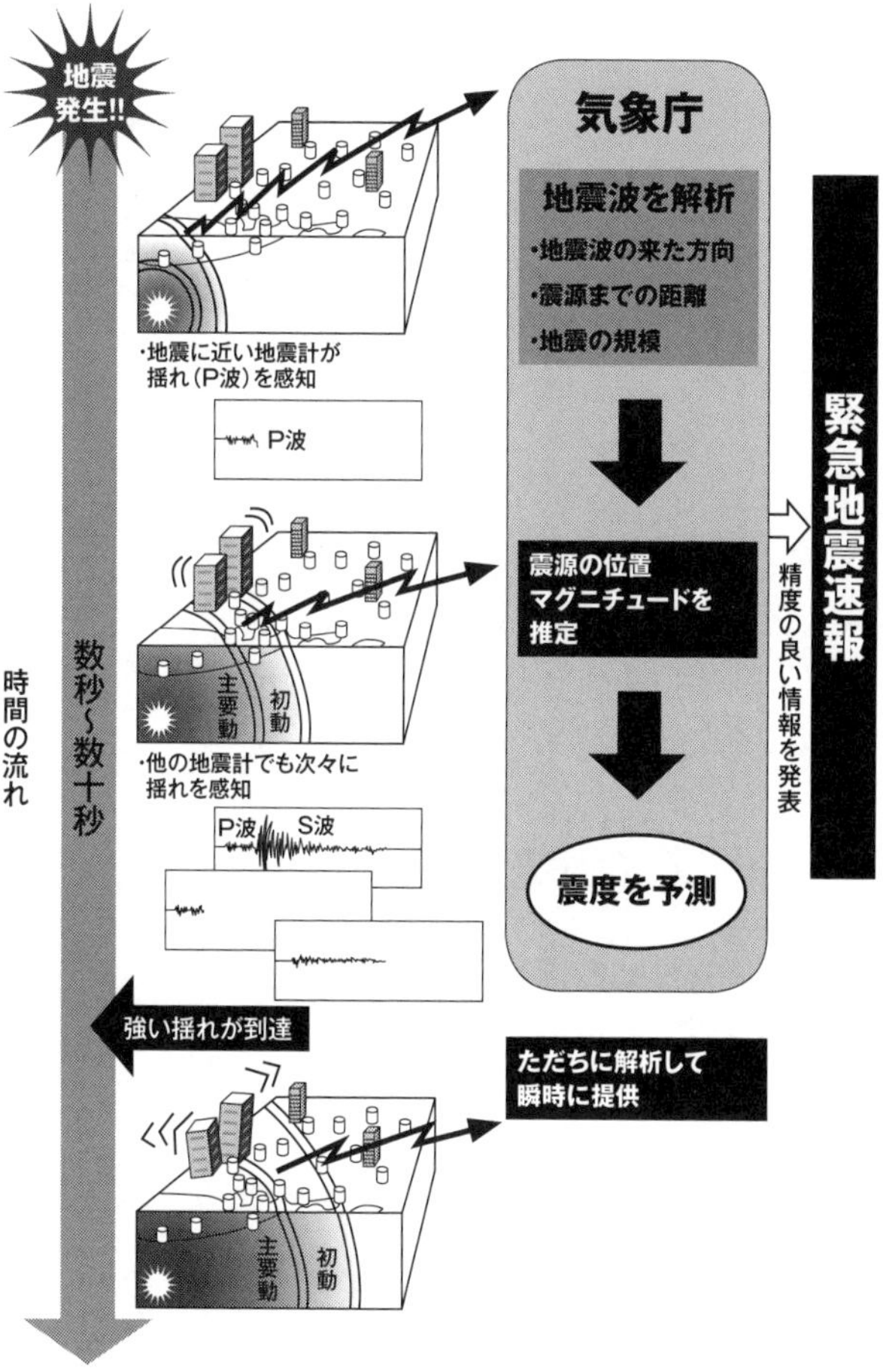

・わずか数秒でも、時間がたつにつれ精度は良くなるが、強い揺れには間に合わなくなる
・地震を検知してから発表する情報であり、「地震予知」ではない

や地震が起きた場所（震源）を伝えます。

はじめに気象庁から発表され、気象業務支援センターを通じて一般利用者に配信され、さらに企業や家庭の末端利用者へ二次配信が行われる仕組みです。緊急地震速報は最大震度が5弱以上の揺れを観測したときに発表されます。揺れの直前や揺れている最中に、リアルタイムで情報を伝達する、という点が最大の特徴です。

緊急地震速報の根底には、自分の身を自分で守るという発想があり、現在さまざまな場所で活用されています。エレベータの運行停止、ガスの元栓の遮断、工場の生産ラインの停止、避難路の照明を自動で点灯、などが挙げられます。

ここで緊急地震速報の仕組みを具体的に見てみましょう。地下で地震が起きると、P波と呼ばれる小さな揺れと、S波と呼ばれる大きな揺れが同時に発生します（図版3―2）。

P波は毎秒七キロメートル、S波はこれよりも遅く毎秒四キロメートルの速さでやってくるので、どの地域にもP波がS波より早く到着します。そのために英語で「最初に」の意味のPrimaryを用いてP波、また「次に」を意味するSecondaryを用いてS波と呼ばれているのです。

まず地震が起きる震源近くで、最初の小さな揺れのP波をキャッチし、大きな揺れのS

波が到達する前に知らせるシステムを設置します。P波とS波の伝搬速度の差を利用することで、数秒から数十秒の間に地震の規模や震源を予測し、到達時刻や震度を発表しようというきわめて高度な技術です。

実際には、震源に最も近い観測点で地震波を捉えた直後から、震源の場所やマグニチュードなどの推定を始めます。マグニチュードや最大震度があらかじめ設定した基準を超えた瞬間に、緊急地震速報の第一報が発表されます。

その後、時間の経過とともに、少し離れた観測点でも次々と地震をつかまえます。こうして増えたデータをもとに再計算を行い、精度を上げた第二報以降を、複数回にわたり発表していくのです。まさにコンピュータが得意とする仕事です。

この方法を用いて、東日本大震災の直後に運転中の東北新幹線では、すべての車輌にブレーキがかかって大きな事故を回避できました。「早期地震検知システム」と呼ばれるものですが、最初の揺れが来る九秒前、また最大の揺れが来る一分一〇秒前に非常ブレーキがかかり、新幹線はただちに減速を始めたのです。地震発生時に東北新幹線は二七本の列車が走行中でしたが、幸いどの列車も脱線することなく停車しました。

JR東日本は、東北新幹線の沿線と太平洋沿岸に地震計を設置しています。地震によって地面の動く加速度が一二〇ガルを超えると自動的に電気の供給が遮断され、走行中のすべての新幹線では非常ブレーキがかけられます。こうして高速運転中の脱線による大事故を未然に防ぐことができたのです。

緊急地震速報の弱点

ところで、緊急地震速報には弱点もあります。大きな地震の直前に、緊急地震速報が出るときと出ないときがあるのです。たとえば、地震の震源に近い地域では、緊急地震速報の前に強い揺れのS波が来てしまい間に合わない。また、短時間の限られたデータを解析した速報であるため、予測した震度が実際の震度と異なる、という技術的な限界もあります。

東日本大震災が起きてから、緊急地震速報が出される回数が非常に増えましたが、速報が出ても揺れを感じないことを何度も経験した方がおられるでしょう。いわゆる緊急地震速報の「空振《からぶ》り」です。

気象庁は、緊急地震速報を受け取ったすべての地域で、震度3以上を観測した場合は「適切」とし、一つでも震度2以下を観測した場合は「不適切」と評価しています。調べてみると、これまでに出された六割ほどが「不適切」なものでした。つまり、東日本大震災以降に精度が大幅に落ちたのです。

これはマグニチュード9・0という巨大地震の発生により余震が多発し、離れた場所でほぼ同時に余震が到達したことがその原因です。現在のシステムでは、複数の観測データの分離がうまくできず、緊急地震速報の空振りがゼロにはなりません。

二〇二〇年七月三〇日に関東甲信、東海、東北地方で緊急地震速報の「誤報」が発生し、気象庁が会見でおわびしました。その原因は、緊急地震速報の処理過程で本来の震源と異なる位置に震源を決定しマグニチュード7・3という過大な値が出たからです。

もしこのような状況が頻発するとすれば「オオカミ少年効果」が生じて、地震への警戒感が薄れる恐れが出ます。しかし、緊急地震速報は一刻も早く予測を出すためのシステムであり、「空振り」があることよりも「見逃し」の少ないことを重視すべきだ、と私は思います。

たとえば、SNSでは先の事例でも「誤報でよかった。危機感が出て身構えます」「謝罪なんていいんです。逆のことが起きるよりよっぽどマシ」という意見が多かったそうです。

緊急地震速報を受けたあと揺れが来るまでには、ごくわずかな時間しかありません。速報が出たら自分の身を守ることを第一に行動し、大揺れが来なかったら「よかった」と思っていただきたいと考えています。

緊急地震速報を聞いたらどう行動するか

では、緊急地震速報が出たら何をすればよいのでしょうか。緊急地震速報を見たり聞いたりしたら、ただちに大きな家具から離れ、頭を保護し丈夫な机の下などに隠れます。扉を開けて避難路を確保しますが、あわてて外へは飛び出してはいけません。

ガス台など火のそばにいる場合は、落ち着いて火の始末をします。一方、火元から離れている場合は、無理をして消火しようとせず、自分の身を守ることを優先します。速報が出てから実際に揺れるまでにできることは、非常に限られます。よって、ガスの元栓を閉めるよりも、自分の身を守ることを薦めているのです。

屋外を歩いている場合は、ブロック塀《べい》の倒壊や自動販売機の転倒に注意します。さらに、ビルから落下してくるガラス、壁、看板に注意し、ビルの近くからできるだけ離れるようにしましょう。

車の運転中であれば、後続車が緊急地震速報を聞いていないことを考慮し、急にはスピードを落とさないようにします。まずハザードランプを点灯しながら周囲の車に注意を促し、徐々にスピードを落とさなければなりません。

もし、大きな揺れを感じたら、急ハンドル・急ブレーキを避け道路の左側へ停止します。列車やバスの中では、つり革、手すりなどにしっかりとつかまるようにします。

最後に、メンタルな課題を指摘しておきましょう。生涯に初めて出合うような大地震に遭遇すると、誰でも気が動転します。ここで冷静な気持ちに戻れるかどうかが、サバイバルではキーポイントになるのです。

動揺すればするほど通常の判断力を失い、時にはパニックに陥ります。たとえば、緊急地震速報を聞いたあとに、たくさんの人があわてて出口や階段へ殺到する行動が懸念されています。心の動揺が災害を増幅する、と言っても過言ではないのです。

パニックを起こさないためには、周囲の人に声を掛けてみることが大切です。知らない人でもかまいません。話をすれば少し心が落ち着き、次に何をすべきかが見えるでしょう。緊急時のこうしたコミュニケーションが、二次災害を大きく減らすことにつながるのです。

東京都は防災ホームページの「帰宅困難者の行動　心得一〇か条」の中で、「あわてず騒がず、状況確認」「声を掛け合い、助け合おう」の二項目を挙げています。私の経験からも、緊急時に人と言葉を交わすことは、動揺を防ぐためにとても効果があると思います。緊急地震速報は、震源地と地震の揺れを感じる場所が遠ければ遠いほど、時間をかせぐことができます。つまり震源地が遠方の海域の場合、私たちが生活している陸域までかなりの距離があるので、速報を受けてから実際の大きな揺れが来るまでにいろいろな準備をすることができます。

しかし、もし震源が自分の真下の場合はそうはいきません。今、心配されている首都直下型の地震のような場合です。P波とS波はほぼ同時に来てしまい、緊急地震速報が出てから実際の揺れが来るまでの時間はきわめて短いでしょう。

「西日本大震災」という時限爆弾

地震学が我が国に導入されて地震の観測が始まったのは、明治になってからです。それ以前の地震については観測データがないので、古文書《こもんじょ》などを調べて、起きた年代や震源域を推定しています。その結果、私たちが現在、最も心配している地震の第一は、これから西日本の太平洋沿岸で確実に起きるとされている巨大地震です。

東海から四国までの沖合いでは、過去に海溝型の巨大地震が、比較的規則正しく起きてきました。こうした海の地震は、おおよそいつ頃に起きそうかが計算できます。この点が、一〇〇〇年以上のスパンで、いつ起きるとも起きないともわからない活断層のもたらす直下型地震と大きく違うのです。

次に必ず来る巨大地震の予想される震源域は、西日本の太平洋沖の「南海トラフ」と呼ばれるところにあります。東日本大震災の主役は太平洋プレートでした。しかし次回の主役は、その西隣りにあるフィリピン海プレートです。海のプレートが西日本に沈み込む南海トラフは、いわばフィリピン海プレートの旅の終着点です。

太平洋プレートの終着点は「日本海溝」や「伊豆・小笠原《おがさわら》海溝」と呼び、フィリピン海プレートの終着点は「南海トラフ」と呼ぶのですが（図版序―1、23ページ）、ここで海溝とトラフという言葉の違いについてお話ししておきましょう。

トラフは日本語では「舟状海盆《しゅうじょうかいぼん》」です。読んで字のごとく舟の底のような海の盆地です。海の中になだらかな舟状の凹地形をつくりながら、プレートは沈み込んでいきます。それに対して「海溝」は、プレートが急勾配で沈み込んでいく場所にできる、深く切り立った溝です。

海溝もトラフもプレートの終着点にできるものですが、地形の違いによって、名前を分けているのです。日本列島の周辺にはトラフとしては他に、沖縄トラフ、相模《さがみ》トラフ、駿河《するが》トラフなどがあり、また海溝としては日本海溝、伊豆・小笠原海溝、マリアナ海溝、千島海溝、琉球海溝などがあります。

さて、南海トラフの海域で起こる東海地震・東南海地震・南海地震の三つについて、近年盛んに発生の危険性が高まったと騒がれています。南海トラフ沿いの震源域の近傍には、太平洋ベルト地帯という大工業地帯・産業地域があります。ここで巨大地震が発生すれば日本の産業経済を直撃することは免れません。

その経済被害は二二〇兆円を超えると試算されており、東日本大震災の被害総額（約二〇兆円）の一〇倍以上とも言われています。そしてこれらの震源域はきわめて広いことから、首都圏から九州までの広域に甚大な被害を与えると想定されているのです。

南海トラフ沿いの巨大地震は、九〇〜一五〇年間おきに起きるという、やや不規則ではあるのですが周期性があることがわかってきました（図版3―3）。

こうした時間スパンの中で、三回に一回は超弩級《ちょうどきゅう》の地震が発生しているのです。その例としては、一七〇七年の宝永《ほうえい》地震と、一三六一年の正平《しょうへい》地震が知られています。

図版3−3　南海トラフ沿いで周期的に起きる巨大地震

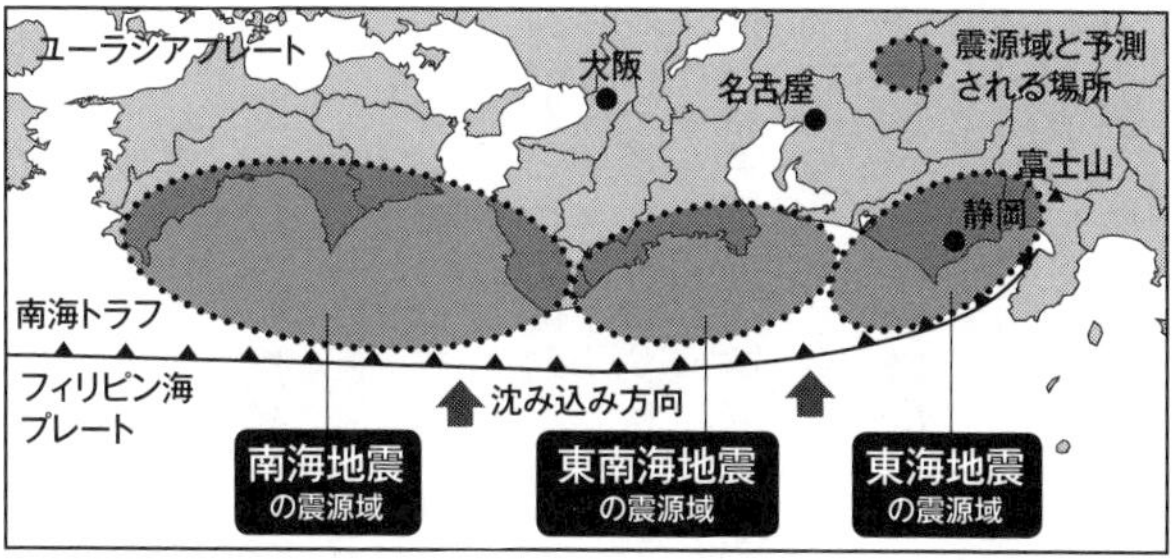

年	南海地震	年	東南海地震	間隔
2040年 ｜ 2030年	南海トラフ巨大地震（M9.1）			
2021年				
1946年	昭和南海地震（M8.0）	1944年	昭和東南海地震（M7.9）	空白域167年以上
1854年	安政南海地震（M8.4）	1854年	安政東南海地震（M8.4）	90年
1707年	宝永地震（M8.6）			147年
1605年	慶長地震（M7.9）			102年

実は、これから南海トラフ沿いで必ず起きる次回の巨大地震は、この三回に一回の番に当たっています。すなわち、東海・東南海・南海の三つが同時発生する「連動型地震」というシナリオです。

具体的に地震の規模を見てみましょう。一七〇七年宝永地震の規模はM8・6だったのですが、近い将来起きる連動型地震はM9・1と予測されています。すなわち、東日本大震災に匹敵するような巨大地震が西日本で予想されるのです。

これから確実に起こる巨大地震

なお、三つの地震は、比較的短い間に連続して活動することもわかっています。その順番は、名古屋沖の東南海地震→静岡沖の東海地震→四国沖の南海地震というものです。

過去の起き方を見ると、前回は一九四四年（昭和一九年）の昭和東南海地震のあと昭和南海地震が二年の時間差で一九四六（昭和二一年）に発生しました（図版3—3）。

また、前々回の一八五四年（安政元年）には、同じ場所が三二時間の時間差で活動しました。さらに三回前の一七〇七年（宝永四年）では、三つの場所が数十秒のうちに活動したと推定されています。

こうした事例は、今後の対策にも参考になります。すなわち、名古屋沖で地震が起きてから準備しようと思っても、間に合わない場合があるのです。もし数十秒の差で地震が次々と発生しては、対応のしようがまったくありません。

さらに、理由はわかっていませんが、過去の例では冬に発生する確率が高いこと、また南海トラフ沿いの巨大地震が起きる五〇年ほど前から、日本列島の内陸部で地震が頻発するようになる、といった事実も判明してきました。

実際、二〇世紀の終わり頃から内陸部で起きる地震が増加しています。たとえば、一九九五年に阪神・淡路大震災を引き起こした兵庫県南部地震のあと、二〇〇四年の新潟県中越地震、二〇〇五年の福岡県西方沖地震、二〇〇八年の岩手・宮城内陸地震などの地震が次々と起きています。

巨大地震の起きる時期を日時の単位で正確に予測することは、残念ながら今の技術では不可能です。しかし、過去の経験則やシミュレーションの結果から、西暦二〇三〇年〜二〇四〇年に発生するという予測がされています。

この数字がどうやって得られたかを見ていきましょう。地球科学で用いる方法論の「過去は未来を解く鍵」を活用するのです。最初に、南海地震が起きると地盤が規則的に上下

図版3−4　室津港の地震隆起

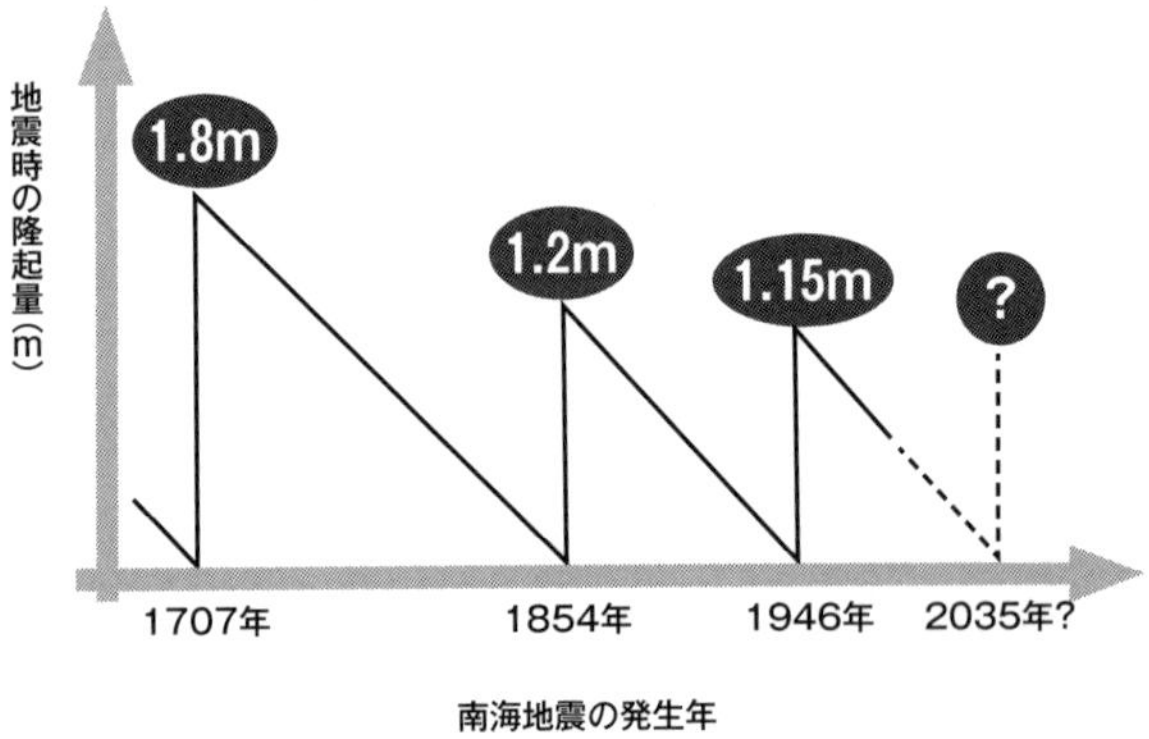

するという現象を取り上げます。南海地震の前後で土地の上下変動の大きさを調べてみると、一回の地震で大きく隆起するほど、そこでの次の地震までの時間が長くなる、という規則性があります。これを利用すれば、次に南海地震が起きる時期を予想できるのです。

具体的には、高知県室戸岬の北西にある室津《むろつ》港のデータを解析します。地震前後の地盤の上下変位量を見ると、一七〇七年の地震では一・八メートル、一八五四年の地震では一・二メートル、一九四六年の地震では一・一五メートル隆起しました（図版3―4）。

すなわち、室津港は南海地震のあとでゆっくりと地盤沈下が始まって、港は次第に深くなりつつあったのです。そして、南海地震が発生すると、今度は大きく隆起しました。その結果、港が浅くなって漁船が出入りできなくなりました。

こうした現象が起きていたことから、江戸時代の頃から室津港で暮らす漁師たちは、港の水深を測る習慣がついていたのです。

図版3―4で年号の上に伸びている縦の直線は、その年に起きた巨大地震によって地面が隆起した量を表しています。一七〇七年では一・八メートル隆起しました。さらに、ここから右下へ斜めの直線が続いていますが、これは一・八メートル隆起した地面が時間とともに少しずつ沈降したことを意味します。

その後、毎年同じ割合で低くなって、一八五四年に最初の高さへ戻りました。すなわち、一七〇七年にプレートの跳ね返りによって数十秒で一・八メートルも隆起した地盤が、一八五四年まで一四七年間という長い時間をかけて元に戻ったのです。

これと同じ現象は、一八五四年と一九四六年の巨大地震でも起きています。ただし、一八五四年には一・二メートル、一九四六年では一・一五メートルと、隆起量は少し異なっています。

そして図版3―4には重要な事実が隠れています。先ほど述べた右下へ続く斜めの線を見ると、一七〇七年から一八五四年まで、そして一八五四年から一九四六年まで、という二本の斜め線が平行です。

これは巨大地震によって地盤が隆起した後、同じ速度で地面が沈降してきたことを意味しています。こうした等速度の沈降が南海トラフ巨大地震に伴う性質、と考えて将来に適用するのです。すなわち、一回の地震で大きく隆起するほど次の地震までの時間が長くなる、という規則性を応用すれば、長期的な発生予測が可能となります。

この現象は海の巨大地震による地盤沈下からの「リバウンド隆起」とも呼ばれています。一七〇七年のリバウンド隆起は一・八メートル、また一九四六年のリバウンド隆起は一・一五メートルでした。そこで現在にもっとも近い巨大地震の隆起量一・一五メートルから、次の地震の発生時期を予測できます。

今後も一九四六年から等速度で沈降すると仮定すると、ゼロに戻る時期は二〇三五年となります（図版3―4）。これに約五年の誤差を見込んで、二〇三〇年～二〇四〇年の間に南海トラフ巨大地震が発生すると予測できるのです。中央値を用いた別の言い方をすれば二〇三五年±五年となります。

図版3−5　地震の活動期と静穏期

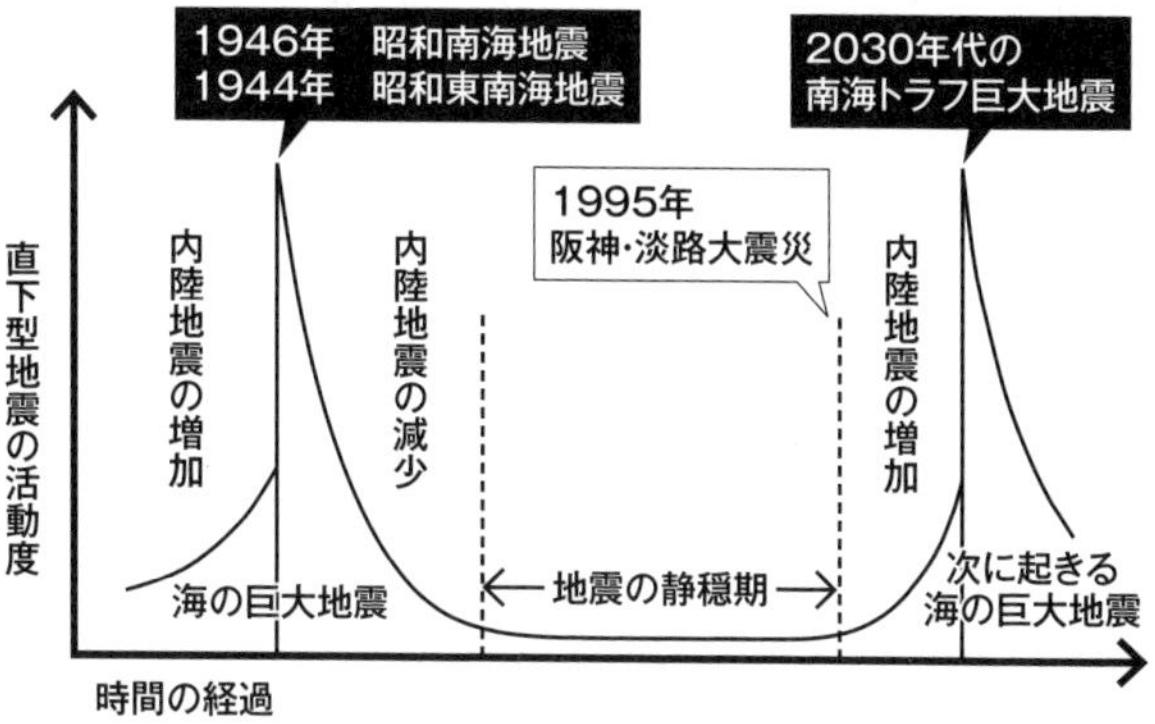

繰り返される活動期と静穏期

次に、内陸地震の活動期と静《せい》穏《おん》期の周期から、海で起きる巨大地震の時期を推定する方法があるので紹介しましょう。これまでの研究で、南海トラフで巨大地震が起きる四〇年ほど前から、日本列島の内陸部で地震が増加するという現象が判明しています（図版3―5）。事実、二十世紀の終わり頃から内陸部で起きる地震が増加しています。

たとえば、一九九五年に阪神・淡路大震災を引き起こした兵庫県南部地震のあと、二〇〇四年の新潟県中越地震、二〇〇五年の福岡県西方沖地震、二〇〇八年の岩手・宮城内陸地震などの地震が次々に起きました。

その後も、熊本地震（二〇一六年）、大阪府北部地震（二〇一八年）、北海道胆振東部地震（二〇一八年）などに震度6～7の直下型地震が起きています。このように内陸地震の活動期と静穏期は交互に繰り返されることがわかっており、現在はまさに活動期に入っているのです。

実は、一九九五年の阪神・淡路大震災の発生は、内陸地震が活動期に入った時期に当たります（図版3―5）。すなわち、南海トラフ巨大地震が発生する四〇年くらい前と、発生後一〇年くらいの間に、西日本では内陸の活断層が動き、地震発生数が多くなる傾向が顕著に見られます。

したがって、過去の活動期の地震の起こり方のパターンを統計学的に求め、それを最近の地震活動のデータに当てはめてみると、次に来る南海トラフ巨大地震の時期が予測できるというわけです。

地震活動の統計モデルから次の南海地震が起こる時期を予測すると二〇三八年頃という値が得られています。これは前回の南海地震からの休止期間を考えても、妥当な時期です。たとえば、前回の活動は一九四六年であり、前々回の一八五四年から九二年後に発生しました。

南海地震が繰り返してきた単純平均の間隔が約一一〇年であることを考えると、九二年はやや短い数字です。しかし、一九四六年の九二年後は二〇三八年なので、最短で起きる前提で準備するには不自然な数字ではありません。

こうして複数のデータを用いて求められた次の発生時期は、西暦二〇三〇年代と予測されるのです。よって、どんなに遅くとも二〇五〇年までには次の巨大地震が確実に日本を襲うだろう、と私も考えています。

なお、南海トラフで起きる巨大地震の連動は、今回の東北地方太平洋沖地震が誘発するものではなく、独立して起きる可能性が高いと考えられています。

というのは、地震を起こした太平洋プレートと、三連動地震を起こすフィリピン海プレートの二つのプレートは、別の方向に移動しており、沈み込む速度も異なるものだからです。

言うなれば、別の方向に動く畳と、別の時計を持った畳の話だからです。なお、東海地震を予知するために海底に設置されたひずみ計は、東日本大震災直後に特に何の変化も示していません。

地震学では予知現象の一つとして、巨大地震の前に少しプレートが滑る現象が知られています。「プレスリップ」と呼ばれる滑り現象ですが、これをつかまえようと日々観測が続けられています。

「3・11」ではマグニチュード9に達する巨大地震が起きましたが、こうしたプレスリップは確認されませんでした。海溝型の巨大地震の発生前にプレスリップが観測されるかどうかは、現在でも研究中の最先端の課題です。我々地球科学の専門家には、まだ未知の現象が山積しているのです。

西日本の巨大地震の連動は、おそらく、今回の地震とは関係なしに、南海トラフ上のスケジュールに従って起きるだろう、と私も考えています。こうした情報を、次の危機を乗りきるためにぜひ活用していただきたいと願っています。

M9レベルの大震災が起こる西日本

さて、東海、東南海、南海の巨大地震が一緒に起きる三連動地震の話をしてきましたが、最近の研究でこれがもう一つ増える話が出てきました。すなわち、「三連動地震」が「四連動地震」になるかもしれないという予測です。「西日本大震災」と我々が警戒している巨大地震の規模が、さらに大きくなるのです。

過去の西日本では、八八七年（仁和《にんな》地震）、一三六一年（正平地震）、一七〇七年（宝永地震）

と、三〇〇～五〇〇年間隔で連動型巨大地震が起きていました。そして次回は二〇三〇年代に起きると予測されていることは、すでに述べたとおりです。

そもそも地震の規模は、震源域の大きさで決まります。たとえば、東北地方太平洋沖地震は、地震予測の根拠となる震源域の面積がかつて想定していないほど大きかったために、被害が予想よりも甚大になりました。

これまで西日本で起きると想定した三連動地震の震源域は、南海トラフ沿いに六〇〇キロメートルほどの長さがあります（図版3―3）。これは、東北地方太平洋沖地震（約五〇〇キロメートル）を超える規模のものです。

こうした長大な震源域で次々と岩盤が滑ると、強い揺れと大きな津波をもたらします。東日本大震災と同じか、もしくはそれ以上の激甚災害が、次は二〇年後の西日本で起きるというわけです。

最近、もう一つ西方の震源域が連動する可能性がある、という新しい研究結果が出てきました。一七〇七年、南海トラフ西端で琉球海溝の接続部において大地震が起きていることがわかりました。つまり、南海地震の震源域の西に位置する日向灘《ひゅうがなだ》（宮崎県沖）が連動していたことが明らかになったのです（図版3―1）。

このことから、二〇三〇年代に起きる地震は、三連動地震にもう一つ加わる「四連動地震」となる恐れがあるのです。この場合、震源域の全長は七〇〇キロメートルに達し、これまでの想定M8・7を超えるM9台の「超」巨大地震となります。

このような超巨大地震では、津波が特に大きくなるという特徴があります。東日本大震災では、日本海溝沿いの深い場所で地震が起きたあとに、浅い場所でも地震が起こって巨大な津波が発生しました。南海トラフ沿いの超巨大地震でも、このような二つのステップの地震発生が起きる可能性があります。

換言すれば、四連動地震の震源域の太平洋側（南側）にある浅い場所でも地震が起き、大津波が起きるというわけです。図版3―1の震源図では「南海トラフ寄りの領域」として示した部分において発生する津波です。この場合には最大二〇メートル級の津波も予想され、過去に実施してきた防災対策は、すべてこうした連動地震用に見直す必要があるでしょう。

昨今、巨大地震の予測は研究の進展により毎月のように変わっています。マグニチュードも地震発生確率も、新しい観測データやシミュレーション結果が得られると、数字が大きく変わる可能性があるのです。

地球科学の現象は、前提とする数字が変化することで、予測が大きく変わることを知っておいていただきたいと思います。また、算出された原理をよく理解し、報道された数字に前向きに対処することが、自らの身を守ることにつながるのです。

第四章　富士山噴火の可能性も高まった

【対談―四】鎌田浩毅×室井滋

「富士山が噴火するって本当ですか？」

鎌田　二〇一一年三月一五日に、富士山の下で地震が起こりました。富士山の直下一四キロ、これはマグマだまりのちょっと上くらいなんです。

東日本大震災で、富士山も含めて、活火山の下で地震が起きたのが一〇か所以上もあるんです。箱根、焼岳《やけだけ》、乗鞍《のりくら》、日光白根山《しらねさん》など、火山の下での小さな地震が三月一一日以降、急に増えたんです。特に二〇二〇年は東日本から中部地方にかけて、緊急地震速報を伴う地震が何度も発生しています。

室井　確か日本で活火山は一〇〇個以上もありましたよね？　その中の一割以上で地震が起きているんですか？

鎌田　実際にインドネシアのスマトラ島沖でM９の地震が起きたあと、四か月後に複数の火山が噴火を開始し、また一年半後に火砕流《かさいりゅう》が発生しましたね。つまり日本でも数か月から数年後に噴火が起きてもおかしくない。

室井　地震だけではないのですね。また怖くなってきました。

鎌田　ただ火山噴火は一か月くらい前にはわかりますから。具体的には、地震が起きたり、水蒸気が出たり、噴石が飛び出たり、火山灰が噴き上がったり、という経過になります。まず、最初に放出される噴石に当たったりしなければ大丈夫です。もし活動が始まったら、火口には近寄らなければよいのです。

室井　富士山が噴火したときのシミュレーションはあるのですか？　どのように進行し、そのときどのように行動すればいいのか、教えてください。

鎌田　富士山は「噴火のデパート」と言われますが、噴火のバリエーションはすごく広い。火山災害の六つあるパターン（火山灰、噴石、溶岩流、火砕流、泥流《でいりゅう》、岩《いわ》なだれ）のどれが起こっても不思議ではないのです（拙著『富士山噴火と南海トラフ』講談社ブルーバックスを参照）。

また、こうしたパターンは時々刻々と変化することがあります。コロナ禍の陰で大きく報道はされていませんが、日本政府は四月に富士山の噴火について警告のシミュレーションを発信しています。

実は、こうした噴火災害のどれが、どんなふうに起こるかは、前もって予測がつきません。始まってから推移をじっくりと注視していくしかないのです。ただし、一か月ほど前に火山の直下で起きる地震が浅くなったりします。こうして噴火開始の予兆は必ずわかりますから、事前の準備はできます。

室井　地震がまず起こるんですか？

鎌田　そうです。最初は人の体に感じないようなごく小さな地震から始まります。「低周波地震」というのですが、これが起きたあと次第に「高周波地震」が発生し、かつ震源が浅くなっていきます。「有感地震」という体に感じる地震も、次第に増えていきます。

そして、直前に「火山性微動《びどう》」といって、絶えず微弱に揺れているような地震が起き、噴火に至ります。その途中には、山が膨れる、火山ガスが出る、火山ガスの成分が変わる、など他にもいろいろな現象が見られます。

そして噴火まで約一か月。火山の下で活動が始まったら、気象庁が市町村を通じて発表する避難指示などに従って行動してください。噴火がどう変化するかをリアルタイムで追いかけることが、とても大切です。

富士山噴火のポイントは、「約一か月前まで、噴火の長期予測はできません。噴火したらその様相は刻々変化します。リアルタイムで情報が流されます」ということですね。噴火予知のシステムはしっかりとできています。それをちゃんと聞いて行動すれば、人が死ぬことはないようになっているんですね。

室井　東京のように少し離れたところに住んでいる場合はどうでしょう？

鎌田　富士山が大噴火してから首都圏に火山灰が降ってくるまで、二時間くらいあります。その間に人の避難はできるでしょう。その前に、地元で地震活動などが起こって実際に噴火するまでが、約一か月。この期間に、応急の準備と対策をとっていただきたいですね。

室井　噴火の規模はわからないのですか？

鎌田　大噴火になるか、小噴火で終わるか、噴火の前に予測することはできません。ただし、「これ」が起きたら「こうなる」というシナリオはいくつか用意されています。リアルタイムで注意深く観測していれば、規模が大きくなりそうかどうかはわかるのです。けれども、自然が人間のつくったシナリオどおりに進むとは限りません。

室井　東京で火山灰が降ったらどうなるんでしょう？

鎌田　それを予測するには、過去の例が役に立ちます。三〇〇年前の宝永噴火のときは、一週間くらいの間に横浜で一〇センチメートル、江戸で五センチメートルほど積もりました。非常に細かい火山灰ですが、これが降ると実は大変なんですね。コンピュータなどの電子機器に大きな影響が出るでしょう。電車も止まるでしょう。また細かいガラスの粉ですから、目やのどに入って炎症を起こす。

室井　人体に害を及ぼし、都市機能が麻痺するんですね。

鎌田　そうです。火山灰の被害は三〇〇年前に起きた例ですが、富士山の噴火史を調べるとさらに大きな心配もあります。

室井　もっとひどいことが起きたんですか？

鎌田　一〇倍くらい長いスパンで時間を戻して見てみましょう。今から二九〇〇年前の富士山噴火のときには、山自体が崩れて、「岩《いわ》なだれ」という現象が起きました。山の上部が一気に崩れて、東の御殿場《ごてんば》方面に流れ下ったのです。

山手線の内側くらいの広さが大量の土砂で埋まったのですが。富士山で起きる噴火災害のマキシマムですね。山体崩壊による岩なだれが困るのは、どの方角へ崩れるのかわからない、ということです。東西南北のどちらへいくのか。

室井　こ、こわいです。富士山が崩壊しそうかどうかは、少し前にわかるんですか？

鎌田　直前にならないとわからないでしょうね。ちなみに似た例としては、一九八〇年に米国のセントヘレンズ山が大噴火して、岩なだれが発生しました。このときは山頂部の北側が二日前から数十センチメートルも膨れてきたんです。だから、このあたりからマグマが出るだろうということは予測できました。

しかし、山体崩壊を起こしたのは、我々専門家にとっても、まったくの予想外でした。岩なだれの発生は、まさに起きてみないとわからないのです。

セントヘレンズ山の噴火が始まったら、世界中の火山学者が、軽石と火山灰が噴出して、最後に溶岩が流れ出て終わりだろう、と予測した。でも実際には上部四分の一くらいが一気に山体崩壊してしまった。

しかも、崩れ始めるたった〇・〇一秒前にはわかりましたが、一秒前にはわからなかったんですね。富士山も以たような状況でしょうね。

室井　じゃあ、噴火している期間のようなものもわからないんでしょうか。

鎌田　残念ながら、わかりません。

室井　噴火期間の最長はどれくらいでしょう?

鎌田　三〇〇年前の宝永噴火の際には、噴火活動は二〜三週間、火山灰の被害は数か月ほどでした。ところが、大量の火山灰が泥流となって東の相模《さがみ》湾に流れ下った被害は、なんと七〇年近くも続きました。

室井　噴火がこれで終わりそうだ、ということはわかりますか？

鎌田　ええ。マグマが地下へ戻っていき、もう出ないとわかったら「終息宣言」というアナウンスを出します。雲仙普賢岳《うんぜんふげんだけ》で四年半、有珠山《うすざん》は一年半で出ました。一方、二〇〇〇年六月に噴火した三宅島では終息宣言をまだ出していませんね。マグマの活動が下がった、地震が起きない、火山ガスが出ない、などということを総合判断して決めるのです。

室井　実際、富士山で危ないのはどのあたりとお考えなんですか？

鎌田　僕たちが警戒しているのは山頂の北東部、小御嶽《こみたけ》神社があるあたりです。この一〇年ほど、地下一五キロメートル付近で「低周波地震」が断続的に起きています。富士山のマグマはいつでもスタンバイ状態と言っていいのです。

もう一つ、大事な特徴があります。富士山は「割れ目」噴火をする火山です。フィリピン海プレートがずっと押していて、地下に弱線ができるんです。マグマが地表へ向けて上がってくるときには、上昇しやすい弱線を選んで伝わってくるので、噴出地点を予測するのが難しいのですね。

東日本大震災のあと、富士山の地下では地面がわずかだけ開いています。マグマがどこで上がりやすくなったのか、これから注意が必要です。

【本論】火山噴火の誘発が日本中で起こる可能性

火山噴火のリスクも高まった日本

海溝型の巨大地震が発生すると、しばらくしてから火山が噴火することがあります。地震が起きると地面にかかる力が変化します。その結果、地下で落ち着いているマグマの動きを刺激して、噴火を誘発することがあるのです。

東日本大震災のあと数十年くらいのうちに、日本に一一一個ある活火山のいくつもが噴火することを、私たち火山学者は懸念しています。

地震と噴火の関係はこれまでもいろいろと調べられています。たとえば、東北地方で過去一五〇〇年間ほどの間に起きた巨大地震を見ると、その前後で活火山が噴火していることが知られています。

日本ではあまり報道されなかったのですが、二〇〇四年一二月にスマトラ島沖で巨大地震が起きたあと、二〇〇五年四月から複数の火山で噴火が始まりました。さらに一年五か月後にはジャワ島のムラピ山から高温の火砕流《かさいりゅう》が噴出し、その後には三〇〇人を超える犠牲者が出ました。インドネシアも世界有数の火山国であり、活火山の総数は一二九個もあります。

また、インドネシアや日本と同じように海のプレートが沈み込む南米のチリでも、巨大地震が噴火を誘発した例があります。世界最大の地震と言われる一九六〇年のチリ地震（M9・5）の二日後に、コルドン・カウジェ火山が噴火しました。

さらに二〇一〇年に起きたM8・8のチリ地震の一年三か月後にもこの火山は噴火し、M9クラスの巨大地震が誘発したものと考えられています。

したがって、地下の条件がとてもよく似ている日本でも、巨大地震が引き金となって噴火が始まってもまったく不思議ではありません。

それを物語るように、東日本大震災以後に地下で地震が増加した活火山があります。たとえば、神奈川・静岡県境にある箱根山では、三月一一日の巨大地震の発生直後から小規模の地震が急に増えました。

この他にも地震が増えた活火山は、関東・中部地方の日光白根山《しらねさん》、乗鞍岳《のりくらだけ》、焼岳《やけだけ》、富士山。伊豆諸島の伊豆大島、新島《にいじま》、神津島《こうづしま》。九州の鶴見岳・伽藍岳《がらんだけ》、阿蘇山《あそさん》、九重山《くじゅうさん》。南

図版4−1　東日本大震災の直後に地下で地震が増えた活火山

西諸島の中之島《なかのしま》、諏訪之瀬島《すわのせじま》などがあります（図版4―1）。

いずれも地震直後から地下で地震が急激に増えた点が注目されています。今のところ火山活動に目立った変化は見られませんが、インドネシアやチリでも見られたように今後の数年間は監視が必要と考えられます。

ここでのポイントは、噴火が起きるのが数日後だったり、数年後だったりとまちまちであることです。

東日本には明治時代以後に規模の大きな噴火を起こした活火山がいくつかあります。福島県の磐梯山《ばんだいさん》は一八八八年に大噴火を起こし、山体崩壊といわれる大きな山崩れが発生しました。富士山型のきれいな形をしていた磐梯山は、馬蹄《ばてい》形、つまりドーナツの片方をかじってしまったような形になってしまいました。こうした山体崩壊の堆積物の記録写真が、噴火の直後に明治天皇へ献上されています。

また北海道駒ヶ岳《こまがたけ》も激しい噴火をしています。函館観光に行かれた方は大沼国定公園の美しい姿が記憶に残っているかもしれません。あの素晴らしい風景をつくり出した駒ヶ岳も一九二九年に火砕流《かさいりゅう》を噴出し、多数の死傷者を出しました。

近年では、福島県中部にある安達太良山《あだたらやま》が一九九七年に水蒸気爆発を起こし犠牲者を出しました。その他にも、大きなニュースにはなりませんでしたが、長野・岐阜県境の安房《あぼう》峠の北西に位置するアカンダナ山、青森県の八甲田山《はっこうださん》などの活火山では、水蒸気爆発や火山ガスの噴出などの小規模な噴火を起こしています。

火山学的に富士山は「一〇〇パーセント噴火する」

ここで日本人の心、富士山のお話をしましょう。葛飾北斎《かつしかほくさい》（一七六〇～一八四九）や横山《よこやま》大観《たいかん》（一八六八～一九五八）など富士山に心を奪われその雄姿を描き上げた画家は数多く、名画もたくさんあります。富士山を題材とした小説や詩歌も枚挙にいとまがありません。

私は仕事がら富士山関連の書籍は見つけたら必ず購入しているのですが、その数の多さには驚きます。富士山に毎年登っている人、富士山の四季を写真におさめている人、富士山を朝夕見つめ人生をともに歩いてきた人、等々。

私自身、冬の晴れた日に新幹線の車窓から富士山を見ると、思わず合掌《がっしょう》したくなります。近くに外国からの旅行者がいると、成り立ちを説明してあげようかとさえ思います。

しかし、その富士山が活火山であり、いつ噴火してもおかしくはないことを知る人は、決して多くありません。日本人の富士山に対する思い入れを見るにつけ、この山が一〇〇

図版4−2　富士山の地下構造と断面図

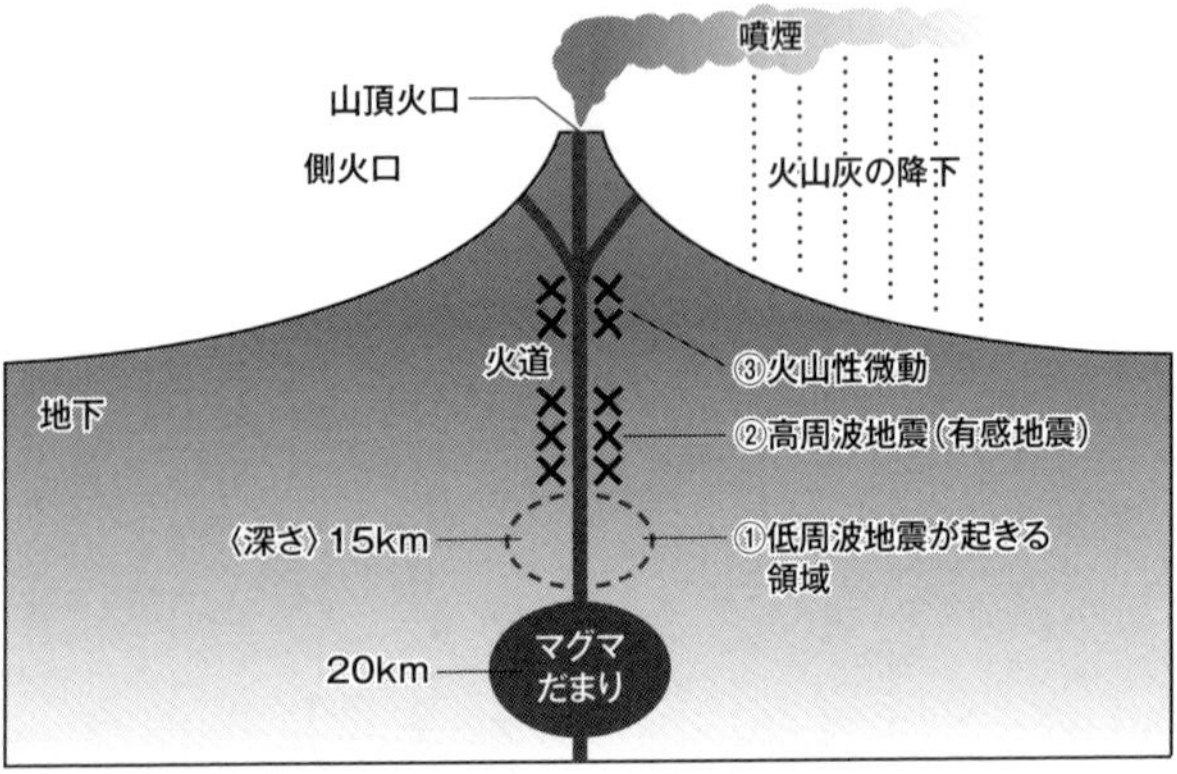

パーセント噴火することを伝えておかなければならない自分に、ときどきため息が出ます。

次に起こる巨大地震が噴火を誘発する可能性としては、富士山も例外ではありません。東日本大震災の四日後の三月一五日には、富士山頂のすぐ南の地下でM6・4の地震が発生しました（図版4―1）。

最大震度6強という強い揺れがあり、震源に近い静岡県富士宮《ふじのみや》市内では建物の天井のパネルが落下し、二万世帯が停電しました。

また、震源は深さ一四キロメートルだったため、マグマが活動を始めるのではないかと私たち火山学者は危惧しました。

富士山のマグマは地下二〇キロメートルあたりで大量に溜まっています。そのわずか五キロメートル上で、かなり大きな地震が起きたのです。そんなところでマグマを揺らさないでくれ、と私は本当に思いました。幸い現在のところ、富士山噴火の可能性が高まったことを直接示す観測データは得られていません。

一方、富士山周辺の全地球測位システム（GPS）の測定結果は、東北地方太平洋沖地震の発生後に、富士山の周辺地域が東西方向へ伸びていることを示しています。地下約二〇キロメートルにあるマグマだまり直上の一五キロメートル付近では、マグマの動きに関連してユラユラ揺れる地震（低周波地震）がときどき発生しているのです（図版4—2）。

こうした場所で地盤が拡大すると、マグマの動きに関して二つの可能性が生じます。すなわち、①地下深部のマグマが地表へ出やすくなる場合と、②拡張した地盤の中にマグマが留まるため出にくくなる場合、の二つがあるのです。

果たして富士山はどちらを選ぶのか、今のところわかっていません。とにかくいつ変化してもまったく不思議はないので、二四時間体制での注視が必要なのです。

南海トラフ巨大地震の後に富士山が噴火する

さて、地質学では「過去は未来を解く鍵」と言いますので、かつて富士山が噴火した様子を見てみましょう。前回の噴火は三〇〇年前の江戸時代ですが、太平洋の海域で二つの巨大地震が発生したあとでした。

まず、一七〇三年に元禄《げんろく》関東地震（M8・2）が起きましたが、その三五日後に富士山が鳴動《めいどう》を始めたのです。さらに、四年後の一七〇七年には、宝永地震（M8・6）が発生しました。この宝永地震は前章で述べたような数百年おきにやってくる「三連動地震」の一つです。

その宝永地震の四九日後に、富士山は南東斜面からマグマを噴出し、江戸の街に大量の火山灰を降らせました。新幹線の車窓から北側に聳《そび》える富士山を見ると、右側にぽっかりと大きな穴が開いていることに気づきます。これはそのときに開けた火口で、宝永火口と呼ばれています。一七〇七年一二月の噴火は、富士山の歴史でも最大級の噴火でした。

宝永噴火では、直前に起きた二つの「海の地震」が、地下のマグマだまりに何らかの影響を与えたと考えられています。すなわち、地震によってマグマだまりにかかる力が増加し、マグマを押し出した可能性があるのです。

もう一つの可能性としては、巨大地震によってマグマだまりの周囲に割れ目ができ、噴火を引き起こしたとも考えられます。マグマ中に含まれる水分が、マグマだまりの圧力の低下で水蒸気となって沸騰します。このときに体積が一〇〇〇倍近く急増し、外に出ようとして地上から噴火するのです。周辺の割れ目にマグマが入って落ち着かなくなった例と言ってもよいでしょう。

噴火の引き金にはいくつもの原因が考えられますが、マグマの中にある「水」がその鍵を握っています。マグマの中で水がどのようなきっかけで水蒸気になるのかがポイントですが、これは火山学上の第一級のテーマとなっています。ちなみに、そのあたりのメカニズムは拙著『地球は火山がつくった』(岩波ジュニア新書)にくわしく書きましたので、興味のある方はご参考にしてください。

噴火の予兆は一か月ほど前に現れる

富士山の地下では最近、地盤が広がっていることが確認されています。二〇〇九年に富士山が北東―南西方向に一年当たり二センチメートルほど伸張したことが観測されました。このときは、地下で東京ドーム八杯分の量のマグマが増加したと推定されています。

その後、こうした地盤の伸びは鈍くなっているのですが、もし今後、富士山の地下で低周波地震や火山性微動が始まると、噴火の準備段階へ移行しつつあると判断されるでしょう。

火山噴火は地震のように突然やってくるものではありません。噴火の前にはいろいろな動きが出てきます。観測機器さえあれば先ほど述べた低周波地震や火山性微動を捉えられます。また、マグマが上がってくると山が膨らんできたこともつかまえられます。

富士山は地震計や傾斜計などの観測網が、日本でも最も充実している活火山の一つです。まず覚えておいていただきたいことは、突然マグマが噴出する心配はまずない、ということです。噴火の始まる一か月ほど前から、前兆となる動きが観測され、直ちに気象庁からテレビや新聞などマスコミやインターネットを通じて、情報が伝えられます。

したがって、活火山が噴火する際は、地震のように準備期間がまったくない、というわけではないのです。

関東で予測される被害

過去の噴火史は、昔の人が書き残した古文書《こもんじょ》を調べることでもわかります。日本は奈良時代から書きものが残っており、記述をていねいに読んでいくと、富士山が平均一〇〇年ほどの間隔で噴火していたことが判明しました。

たとえば『万葉集』や『古今和歌集』には、富士山の頂上から噴煙が立ち上っていた様子が記されており、火山学から見ると小さな規模でも当時の人をびっくりさせた噴火もありました。今なら、もちろんテレビのトップニュースとなるでしょう。

ところが、一〇〇年も間を置かずに小噴火していた富士山が、一七〇七年以来現在まで三〇〇年間もじっと黙っています。富士山の地下でマグマが溜まりに溜まっているのは不気味です。もしマグマが一気に噴出したら、さぞかし怖いだろうと思います。

実は、富士山は若い活火山です。一般に、火山の寿命は約一〇〇万年ですが、富士山は誕生以来一〇万年ほどたっています。人の時間軸では一〇万年とは途方もなく長い時間ですが、火山の尺度ではまだひよっ子で小学生くらいの火山です。すなわち富士山は「育ち盛りの火山」と言っても過言ではないのです。

今、富士山が大噴火したら、江戸時代とは比べものにならないくらいの大被害が出ると予想されています。富士山の裾野にはハイテク工場が数多くあります。火口から出た細かい火山灰はコンピュータの中に入り込み、さまざまな機能をストップさせてしまうでしょう。空中を舞い上がる火山灰は、花粉症以上に鼻やのどを傷める恐れもあります。

富士山が噴火した場合の災害予測が、内閣府から発表されました。もし富士山が江戸時代のような噴火をすれば、首都圏を中心として関東一円に影響が生じ、総額二兆五〇〇〇億円の被害が発生するというのです。

富士山が噴火するときには、まず地震が発生します。富士山の地下にあるマグマだまりの近くから「低周波地震」と呼ばれる微弱な地震が出ます。低周波地震はユラユラと揺れる地震のことです。

一般に、地下の岩石がバリバリと割れるときには「高周波地震」が起きるのですが、地下にある液体などが揺らされた場合に低周波地震が起きます。私たちが日常生活で経験するガタガタと揺れる高周波地震と区別するため、わざわざ「低周波」という言葉が付けられているのです。

現在、富士山の地下では、とても深いところで低周波地震が起きています。しかし、その位置が浅くなってきたら注意が必要です。マグマが無理やり地面を割って上昇してくると、今度は高周波地震が発生します。

最後に、地表から噴出する直前で「火山性微動《びどう》」と呼ばれる細かい揺れが発生します。こうなると噴火のまぢかいスタンバイ状態となります。

富士山では噴火のおよそ一か月前には地震が起き始めるので、事前に必ずわかります。

日本の火山学は世界トップレベルなので、直前予知は十分に可能です。

ただ、私たちは「火山学的には一〇〇パーセント噴火する」と説明しますが、実は、いつ噴火するかを前もって予測することは不可能なのです。噴火予知は地震予知と比べると進んできましたが、残念ながら皆さんが知りたい「何月何日に噴火するのか」にお答えすることはできません。

火山学者は現在、二四時間体制で観測機器から届けられる情報をもとに、富士山を見張っています。気になる方は、テレビ・ラジオ・インターネットなどで最新の情報にアクセスしてみてください。

活火山とは「いつ噴火してもおかしくない火山」

日本は火山国といっても、実際に噴火を生で見た人は、それほど多くはないでしょう。人は経験のないことに直面したときに動揺しやすいものです。そうならないためには、富士山に限らず、前もって火山について知っておくことが重要です。遠回りのようで、知識を持っていることが、いざというときの防災に役立つのです。

噴火はビジュアル的にもインパクトがあるので、私は毎年京大の「地球科学入門」の講義で噴火の映像を見せます。学生たちはみな一様に画面に釘付けになり、その凄《すさ》まじさに圧倒されています。

一方、噴火を一度でも体験した人は、一生忘れることがないくらい強い印象を持ちます。私もその一人です。一九八六年の伊豆大島で大きな噴火に出合いました。地鳴りを上げて目の前で火柱が立ち上ったあと、真っ赤に燃えたマグマの巨大なカーテンが、私の前に立ちはだかりました。

その直後に、炎のカーテンはこちらに近づいてきました。恐怖も忘れ、私はひたすら見とれていたのですが、その迫力は今でもまざまざと思い出されます。こうした活火山が日本には一一一個もあるのです。

さて、活火山がどうやって決められたかの説明をしておきましょう。活火山は歴史上これまで何回も噴火をしていたもので、今後も盛んに噴火しそうな山、という意味です。

気象庁は二〇〇三年に活火山の定義を改定し、「過去およそ一万年以内に噴火した火山、および現在活発な噴気活動のある火山」を活火山とすることに決定しました。私も火山学の専門家として、この改定プロジェクトに加わってきました。一〇〇万年もある火山の寿命の中で、過去一万年間くらいは歴史を見ておかないと将来噴火する火山を見落とす可能性があるのです。

「休火山」「死火山」は死語に

かつて理科の教科書で、火山は「活火山」「休火山」「死火山」の三つに分けられていましたが、火山学者は休火山と死火山を使うのをやめました。というのは、休火山と思っていた山は、火山学的に見ればすべて活火山と考えたほうがよいからです。すなわち、どこまでが休火山でどこからが活火山かの線引きが、実際には不可能なのです。

富士山を例にとってみましょう。最新の噴火は江戸時代の一七〇七年で、南東斜面にある宝永火口から大爆発したのですが、その後三〇〇年間も富士山は噴火をしていません。人間の生活感覚では約一〇世代にわたる長い間休止しています。

ところが、一〇〇万年にも及ぶ富士山の寿命からすれば、三〇〇年間とはあっという間の短い時間にしか過ぎないのです。

江戸時代の一つ前の噴火は室町時代の一五一一年に発生していますが、一七〇七年まで二〇〇年もの長い間休止していました。もし、江戸時代の人が「富士山は休火山だから噴火しないだろう」と思ったとしたら、どうなるでしょうか。二〇〇年や三〇〇年という休み程度では、火山の活動を判断する時間スケールとしては短すぎるのです。

また、死火山という言葉についても問題があります。これからも絶対に噴火しない確実な証拠を挙げることができないからです。こうした状況から火山学者は、休火山と死火山という用語を使わなくなりました。

すなわち、かつて教科書で教わった休火山のすべてと死火山の一部は、実際には活火山と見なしたほうが適切なのです。この結果、火山専門家は、「活火山」と「活火山以外の火山」という分類をしています。そして、噴火の可能性のある活火山にだけ注意を向けていただくように、私たちは火山にまつわる知識の啓発活動をしているのです。

噴火予知のメカニズム

次に、噴火予知はどのようにするのかについて紹介しましょう。火山活動が活発になると、気象庁から噴火に関する情報が発表されます。この情報は、火山の地下の状態をさまざまな手法で観測することによって得られるものです。

リアルタイムで得られるデータをもとに火山学者は、今、火山がどのような状態にあり、次に何が起きるかを予測していきます。

噴火予知の内容は、以下の五つの項目からできています。噴火が「いつ（時期）」「どこから（場所）」「どのような形態で（様式）」「どのくらいの大きさおよび激しさで（規模）」「いつまで続くのか（推移）」に関する情報です。

具体的な観測項目について述べてみましょう。噴火とはマグマが地下から地表へ噴き出すことです。噴火準備が整い圧力の高まったマグマは、火山の下にある「火道《かどう》」という通路を上がってきます（図版4―2）。そのときマグマは岩石を割りながらゆっくりと上昇し、「火山性の地震」が発生します。噴火の接近は、こうした地震の起きる場所がだんだん浅くなることから判断されます。

次に、地面が垂直もしくは水平方向へわずかに動く地殻変動が観測されます。「動かざること山のごとし」という成句がありますが、火山の場合は噴火が近づくと山が膨らみます。マグマが山全体を押し上げるので、私たちにとっては絶えず動くものが火山なのです。

噴火が経過したあとマグマが下へ戻るときには、今度は山が収縮します。このような動きはまとめて「地殻変動」と呼ばれますが、膨縮はきわめて微弱なので非常に精密な測定によって初めて確認できます。

これは水平距離の一万メートルにつき垂直に一ミリメートル持ち上がる傾きを測定する、

という精密さです。たとえて言えば、お餅《もち》を焼いて表面が一ミリメートルプクッと膨《ふく》れたのを、一万メートル先から望遠鏡で覗《のぞ》き込んで見つけるような離れ技なのです。

こうしたきわめて精度の高い観測が、鹿児島県にある活火山の桜島で常時行われていま す。ここでは噴火の数分から数時間前に山が膨張し始め、噴火が始まるとただちに収縮する様子を捉えています。そしてリアルタイムで観測所に送られてくるデータを見ながら、桜島では噴火が起きる前に警報を出しています。

噴火予知ではこれらの他にも、火山から出てくる二酸化硫黄や二酸化炭素などのガスや、細かい火山灰粒子の成分などの分析をしています。地下の観測結果と出てきた物質が示すさまざまな知識を組み合わせて、予知が考案されています。

ここでは「空振りは許されても、見逃しは許されない」という危機管理の原則のもと、噴火予知が進められているのです。

いかに世界レベルの観測が桜島で行われていようとも、桜島以外の火山では必ずしも安心することはできません。日本の火山学者が最高峰の技術を持っていても、十分な観測体制が敷かれていない他の活火山では役に立ちません。

心配なのは、観測システムが不十分な火山が動き出したときに、その徴候がしっかりつかまえられない場合です。富士山や桜島のように最先端の観測がされていない活火山が、残念ながら日本にはたくさんあります。日本列島に一一一個ある活火山のうち二四時間体制で監視されている火山の数は現在五〇ほどしかありません。

東日本大震災以後、日本列島は地殻の変動期に入ってしまいました。それにもかかわらず、予算の関係で観測にたずさわる人も機器も不足しています。その結果、観測網の不十分な活火山が少なからずあることも、知っておいていただきたいのです。

例を挙げると、観測用の老朽化した電線が取り替えられていなかったり、また計測器が何十年も更新されていないなど、心配な火山はいくつもあります。こうした火山で災害が発生したときに、予算不足が原因だったとは言いたくないものです。

「3・11」以降、内陸部の直下型地震とともに、日本の活火山は活動期に入りました。オオカミ少年を恐れて過小評価するのか、もしくはできることは何でも行うのか。電線が切れたところや震災で壊れた観測機器の修繕を行うのは当然ですが、次の噴火が始まるまでに、精度の高い機材を早急に配備しなければなりません。それに加えて、二四時間体制の観測をサポートする人員への予算も確保しなければならないのです。

火山の恵み

さて、ひとたび噴火が始まると、日常生活に甚大な影響を及ぼすのが火山です。しかし火山は災害を起こすだけではありません。大いなる「恵み」も我々に与えてくれます。

日本では国立公園の九割が火山地域にあり、優美な地形を愛でているのです（図版4—3）。たとえば、日本最北端の国立公園は、利尻岳《りしりだけ》を含む利尻礼文《れぶん》サロベツ国立公園です。また、大雪山《たいせつざん》国立公園には一九二六（大正一五）年に大噴火した十勝岳《とかちだけ》があり、阿寒摩周《あかんましゅう》国立公園には活火山の雌阿寒岳《めあかんだけ》や、カルデラ湖の摩周湖《ましゅうこ》を持つアトサヌプリがあります。支笏洞爺《しこつとうや》国立公園には二〇〇〇年春に噴火した有珠山《うすざん》や羊蹄山《ようていざん》を含みます。羊蹄山は、その整った円錐《えんすい》形の姿から蝦夷《えぞ》富士と呼ばれています。

東北の十和田八幡平《はちまんたい》国立公園には、岩手山（南部富士）、八甲田山《はっこうださん》、秋田駒ヶ岳《こまがたけ》があり、磐梯《ばんだい》朝日国立公園には月山《がっさん》や安達太良山《あだたらやま》、そして明治時代に山体崩壊した磐梯山《ばんだいさん》が含まれています。

中部山岳国立公園の槍ヶ岳《やりがたけ》と穂高岳《ほたかだけ》は、一四〇万年前という大昔に活動した古い火山です。上信越高原国立公園には現在も活発に噴煙を上げている浅間山《あさまやま》があります。白山《はくさん》国立

図版4−3　日本の主な火山と国立公園

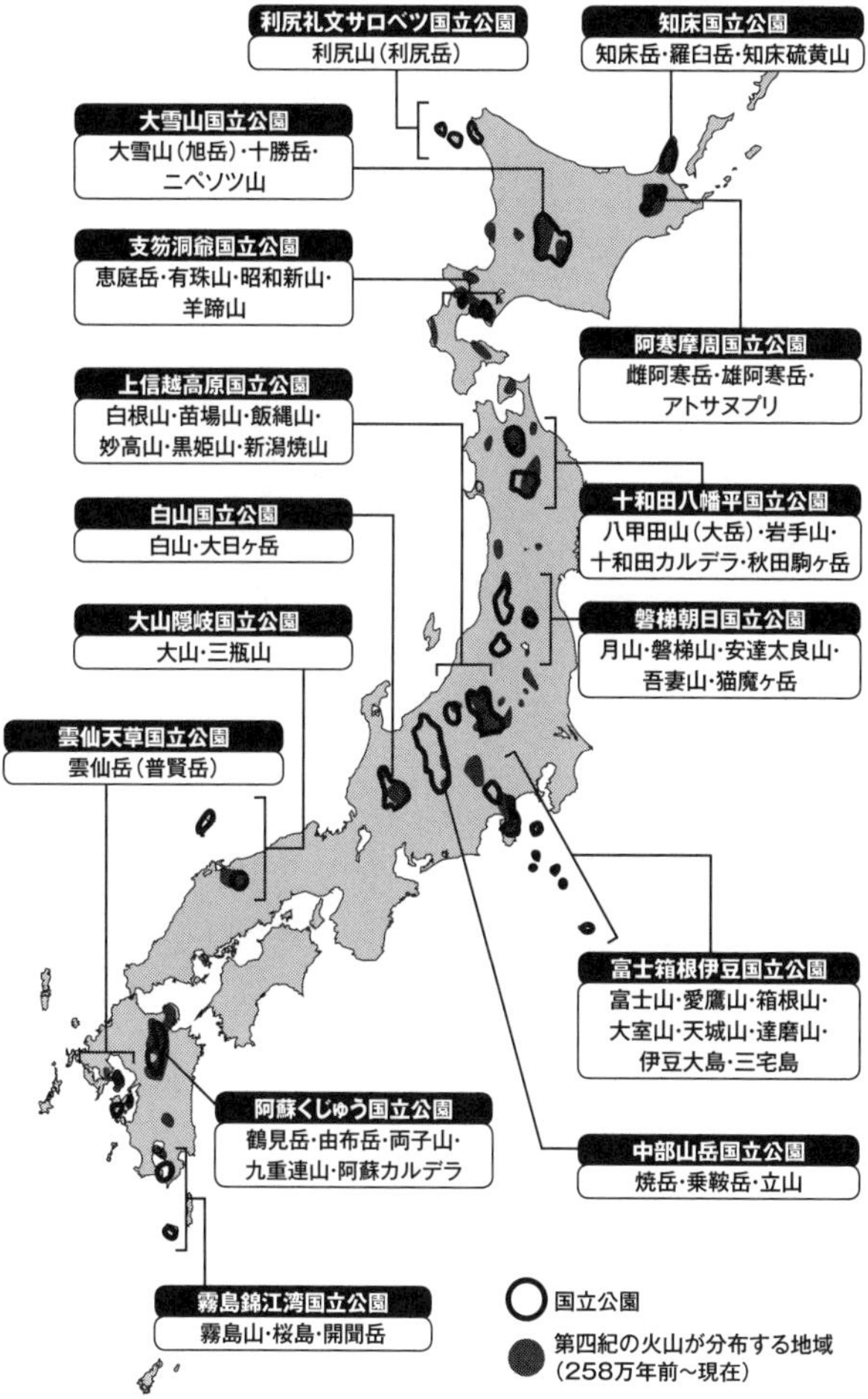
利尻礼文サロベツ国立公園
利尻山（利尻岳）
知床国立公園
知床岳・羅臼岳・知床硫黄山
大雪山国立公園
大雪山（旭岳）・十勝岳・ニペソツ山
支笏洞爺国立公園
恵庭岳・有珠山・昭和新山・羊蹄山
阿寒摩周国立公園
雌阿寒岳・雄阿寒岳・アトサヌプリ
上信越高原国立公園
白根山・苗場山・飯縄山・妙高山・黒姫山・新潟焼山
十和田八幡平国立公園
八甲田山（大岳）・岩手山・十和田カルデラ・秋田駒ヶ岳
白山国立公園
白山・大日ヶ岳
磐梯朝日国立公園
月山・磐梯山・安達太良山・吾妻山・猫魔ヶ岳
大山隠岐国立公園
大山・三瓶山
雲仙天草国立公園
雲仙岳（普賢岳）
富士箱根伊豆国立公園
富士山・愛鷹山・箱根山・大室山・天城山・達磨山・伊豆大島・三宅島
阿蘇くじゅう国立公園
鶴見岳・由布岳・両子山・九重連山・阿蘇カルデラ
中部山岳国立公園
焼岳・乗鞍岳・立山
霧島錦江湾国立公園
霧島山・桜島・開聞岳
国立公園
第四紀の火山が分布する地域（258万年前〜現在）

公園にある白山も活火山です。また関東の日光国立公園には那須山《なすさん》があり、尾瀬《おぜ》国立公園の中にある燧ヶ岳《ひうちがたけ》も火山です。東京のはるか南方の海上にある小笠原《おがさわら》国立公園も、火山島の連なりでできています。

中国地方の大山隠岐《だいせんおき》国立公園にある大山（伯耆富士《ほうきふじ》）と三瓶山《さんべさん》は、美しい山容の火山です。雲仙天草《うんぜんあまくさ》国立公園と霧島錦江湾《きりしまきんこうわん》国立公園は、いずれも近年活発な噴火を起こした雲仙普賢岳《ふげんだけ》と霧島火山の新燃岳《しんもえだけ》を中に含む国立公園です。

そして、私が三〇年以上研究しているフィールドでもある阿蘇《あそ》くじゅう国立公園には、阿蘇山と九重山《くじゅうさん》という二つの活火山があり、今でも非常に活発です。

火山は美しい風景をつくるだけでなく、その麓《ふもと》にはおいしい水も湧き出します。山腹に降った雨水が火山の中をくぐりぬけ、山麓の低地にミネラルウォーターが湧出するのです。そして、何と言っても「火山の恵み」の部で堂々の一位は温泉でしょう。

火山の寿命は一〇〇万年。元気な活火山は一万年。ちなみに地球の歴史は四六億年。人はこんな悠久の時間の中で、自然と向き合って日々を暮らしています。私たちの人生は、火山の時間スケールではほんの瞬きのようなものだということも知っておきたいものです。火山のようにゆったりと、またしなやかに生きていきたいと私は常日頃考えているのです。

下部に見える巨大な穴は1707年の宝永噴火の火口(直径1300m　写真:iStockphoto)

第五章　なぜ世界で自然災害が増えているか ～「環世界」の視座～

【対談―五】鎌田浩毅×室井滋

「世界の自然災害は地球の悲鳴ではないのですか?」

室井　東日本大震災を発端に、近年の大型台風や森林火災のニュースを目にして多くの人が「地球がなんかおかしいな」と感じていると思います。温暖化や大雪など、地球全体が悲鳴を上げているんじゃないかなと。こういうことは、これから先増えていく傾向にあるんでしょうか?

鎌田　災害には、一種の「波」があります。自然界には、起きたり起きなかったりの波があるということを、まず知っていただきたいですね。

ですから、ご質問の「これからおかしなことが起こるんですか」への回答は、「いや、いつもこんなものなんです」となります。まず、自然や災害を考える際の、時間と空間の適切な「スケール」を知ってほしいのです。

室井　でも、森林を伐採するから洪水が起こる、産業廃棄物を出すからサンゴがダメになる、ということは実際ありますよね？

鎌田　それは確かにありますね。

室井　そういうようなことが地球に悪い影響を及ぼしている、とは考えられませんか？

鎌田　もちろん個々の地域には被害をもたらしますが、それは地球全体ではないのです。世間ではよく「地球に優しい」と言いますが、地球はもっと巨大です。実は、サンゴや森林伐採の問題は、「人間にとっての地球」という「」（カギカッコ）つきの地球なのです。

室井　そっか、魚が食べられないとか、ダイビングできないとか。みな「人間にとって」ですもんね

鎌田　地球レベルで言えば、何億年という間には、人間社会をはるかに超えるような変動が無数に起きてきました。

室井　地球には洪水なんて大したことない、ということなんですね。

鎌田　もっとすごい大洪水も過去には起きてますし、巨大隕石《いんせき》なんかが最近ぶつかったこともあるんですよ。

室井　うそ〜〜、隕石が⁉

鎌田　六五〇〇万年前。地球の時間スケールなら「最近」です。地球の誕生は四六億年も

前ですから、まぁ「つい最近」ですね（笑）。

室井　そうなんですかぁ……。話は飛びますけど、そのうち宇宙ステーションとかつくって、隕石が来たらミサイルで打ち落とすことができるようになるかもしれないと言うじゃないですか。その地球スケールのお話だと、私なんか、隕石を打ち落とすのがいいのか悪いのか、さっぱりわからなくなるんですけど……。

鎌田　そうですね、でも、直径一〇キロサイズの隕石だと、まず打ち落とせないですよ。それどころか、地球にはかつて火星サイズの隕石がぶつかったことがあるんです。

室井　ええっ、火星!!

鎌田　四五億年くらい前のこと。地球が誕生して一億年たった頃です。このとき火星サイズの隕石がぶつかって、その衝撃で飛び出たのが月です。月が地球の周りを回り始めたのが四五億年前なんですね。

そして月のおかげで、のちに生命が安定して暮らせるようになったんです。地球はもともと自転のスピードが速くて、一年が一五〇〇〜一六〇〇日もあった。つまり、一日が四〜六時間で、クルクルと目まぐるしく自転してたんです。それが、月が地球の衛星となったおかげで自転速度が落ちて、一日が今の二四時間になったたんです。

一日が四～六時間だと、大気が早く動きすぎて年がら年じゅう大嵐の状態です。大型の台風と大津波で、単細胞の原始生物がゆっくり進化するなんてできなかった。また、陸地にも上がれないし、骨格を持つこともできなかったでしょう。月のおかげで、我々は三八億年かけてここまで進化できたんです。

そう考えると、火星サイズの隕石が落ちたことが良かったのか悪かったのか、簡単には決められないのです。森林伐採の良し悪しとは単純には比較できませんが、こうした視点も大切だと思うのです。

そもそも人類の祖先がアフリカにいて、木の上から地面に下りた。そこからサバンナの大地を二本足で歩き始めたのです。それから数百万年ほどは狩猟採集でやってきました。

こういう人間がどこで大きく変わったかと言えば、約一万年前です。それまでは寒冷気候で非常に暮らしにくかったのですが、一万年ほど前に地球全体が温暖化して、人類は農業を始めた。毎年、秋に収穫があって余りが出る。余ると次の年に備えて蓄える。これがフロー（狩猟採集）からストック（農業生産）へという大きな変化です。

そしてこの状態は一八世紀の産業革命まで続きます。この頃になると、今まで持っていた木材などのエネルギー資源では足りなくて、石炭を燃やし始めた。石炭は古生代の生物がつくってくれた炭化水素エネルギーで、四億年もの大昔のストックです。
　石油も同じく生物の貴重なストックですね。それから原子力もストックなんです。原子力なんて何十億年も前にできたウランを、せいぜい数十年で使い果たそうとしている。

室井　今、そのストックがなくなりつつあるんですよね。

鎌田　そうです。石油がいつ枯渇するかが、大問題となっています。レアメタル、レアアース問題もそうですね。地球から得られる資源の限界にきているのです。一方で、大気中の二酸化炭素が増え、酸性雨が降り、地球環境の悪化によって生活圏が脅かされつつある。

室井　石油やウランなんか蓄えている時間より、人類が使う時間のほうが圧倒的に早いんですか？

鎌田　一万倍以上も違いますね。

室井　そうなったとき、地球はもう一回備蓄を始めようということで、火山の活動が起こり始める、というようなことはあるのですか？　地球自体が、蓄えがなくなったことを気にして、新たに蓄えを増やそうとしている、とか？

鎌田　ははは、おもしろい発想ですね。今のご質問に対する答えとしては、残念ながら「地球は人間のことなんか、ちっとも考えていない」になります。地球はもっと大きなサイクルで動いているからです。

室井　そうか……、人間が使っちゃったとか、全然関係ないんですね。

鎌田　そうです。ビクともしないでしょう。たとえば地球温暖化の問題。これから気温が六度上昇して海水面が上がる可能性がある、という話ですが、この説にしても世界中の地球科学者全員が同意しているわけじゃないんです。

地質学者のかなり大勢は、温暖化しないのではないか、と思っている。というのは、巨視的に見ると地球はむしろ氷河期に向かっているんですから。ここ数十年だけ、今ちょっと温度が高くなっているだけかもしれない。

もしかすると、これから心配すべきなのは寒冷化に向かう中でどうやって文明を維持するかという「寒冷化問題」ではないかと。半分ぐらいの地球科学者はこう思っていて、ただいま世界中で大論争の最中なんです。

室井　本当は寒冷化、という説は聞いたことあります。

鎌田　それにもかかわらず、日本は二酸化炭素の排出量二五パーセント削減しますとか、ＳＤＧｓ（Sustainable Development Goals）などと軽々しく約束したりする。科学の世界が、将来には長期にわたって温暖化するという結論をきちんと出していないのに、その前に政治や経済の世界が二酸化炭素の排出権取引をするとか、勝手に決めていく。地球はもっと長い尺度で見なければならないはずです。

室井　二酸化炭素を人間が出して変な方向に向かっている、というのは地球的には大したことではないのですか？

鎌田　どんなに人間が頑張っても、地球にはもっと巨大なフィードバック機能がありますからね。そもそも二酸化炭素が増えても、その多くは海に溶ける。それとは逆に、大気中の二酸化炭素が少なくなると、海に溶けたものが出てくる、というバッファシステム（緩衝装置）があるのです。

こうした現象をくわしく研究しないと、大気中の二酸化炭素がそのまま単純に増え続けるかどうかもわかりません。さらに、大気中の二酸化炭素が減るとなると、植物の光合成活動が弱まり、結果的に人間の食糧が減る可能性もあるのです。

現在、豊富にある食べ物は二酸化炭素量がこれだけあるから維持できているとも言える。二酸化炭素が減ったら、別の意味で食糧危機が起こるかもしれません。人口が増えたことによる食糧危機ではなく、寒冷化して二酸化炭素が減って食糧危機になる危険性です。地球の過去の歴史では二酸化炭素が減った時期もあるので、もっと「長尺の目」で判断しないといけません。

室井　火山の噴火だけでなく温暖化や寒冷化も、地球的には人間がどうこうしたから、ということではないんですね。

鎌田　そうです。基本的には、人間のスケールで地球を判断すると大きく誤る、ということは言えます。一方、では人間は何をしても許されるのかと問われると、決してそうではないと私は思います。何億年もかけてつくられたストックを、人類の欲望を満たすために使い果たすことは、いかがなもんでしょう。

二〇世紀までの人間は、過去のストックに依存して豊かな生活を築くことに成功しましたが、二一世紀には明らかにその限界が見えています。ここで僕ら地球科学者がどう提案するかと言えば、長期的にエネルギーの流れを見て、「もう一度フローの時代に戻す必要がある」ということです。

「フロー」とは、本当に必要なエネルギーだけ使って、余分なものはつくらないという状態です。食物にしても食べられる量だけ生産して、都市のゴミで六割も捨てられるような無駄をしない。一方、アフリカで餓死者が出るような配分のアンバランスを解消し、過剰な「ストック」から適度な「フロー」へと転換する。これが地球科学者の提案なのです。

室井　私は昔人間なので、とても時代から遅れているんですけど、先生のおっしゃること、とてもよくわかります。実は、原稿もパソコンではなく原稿用紙に手書きです。

鎌田　なるほど。実際、ネット社会のベースになるクラウド・コンピューティングは、「ストック」にかかわる別の発想の一つですね。大量のデータをどこか雲の上のサーバーに置いておき、自分はネットを通じてそれを利用する。でも室井さんは、そういうものはいらないわけですね。

室井　そうなんです。お金も自動引き落としじゃないし、毎月いっぱい請求書を抱えて銀行の窓口へ行くんです。クレジットカードも一枚は持っているけど、全然使いませんね。海外でも円紙幣で持っていって、いちいち換金所で交換してます。

鎌田　ははあ、その話すごくいいですね。本当にフロー人間だ（笑）。僕的に言うと、「地球科学的フロー人生」を実現しておられます。

　今はどの家にも巨大な冷蔵庫があって、一週間に一回だけ郊外のスーパーでどっと買って冷蔵庫に入れておく。つまり古いものを溜めておいて食べるわけですから、「ストック」生活なんですね。

室井　うちにも大きな冷蔵庫はありますけど、家庭菜園もやっているんで、先に食べるのはそっちからです。正直、私は電子レンジもそんなに使わない。なんかチンして料理ができるって、自分の理解を超えるんです。

鎌田　お酒も、お燗と電子レンジでは明らかに味が違うでしょ。たとえ面倒でもお燗するほうが、ずっとおいしい。

室井　かぼちゃとかも、ちゃんとセイロで蒸すのが一番いいですね。

鎌田　それはまさに「スローフード」の思想だと思います。僕はイタリアのスローフード運動はきわめて地球科学的なので、気に入っています。もとはみんなよい生き方をしていたのに、効率主義に押し流されてそれを忘れてしまったんです。

「ゆく河の流れは絶えずして、しかももとの水にあらず。淀みに浮ぶうたかたは、かつ消え、かつ結びて、久しくとどまりたる例なし」、と鴨長明《かものちょうめい》（一一五五～一二一六）の『方丈記』にありますが、ここにも地球科学の発想があります。

水も、歴史も、生命も、時間も流れていく。自分はその流れに乗って、人生をゆっくりと生きます。そこへ無理に抵抗することもせずに、流れを楽しんで生きる。これはまさに日本的な「フロー」の感性だと思います。室井さんがお持ちのフロー感性は、これからの日本人の生き方としてとても大切だと思いますよ。

崩れ落ちるアラスカーハバード氷河。地球温暖化と気候変動を表現する際によく使われる画像（写真:iStockphoto）

【本論】地球が持っている素晴らしいバランス・システム

「異常気象」とは三〇年以上起きなかった現象のこと

「異常気象」という言葉から、皆さんはどんなことを思い浮かべられるでしょう。豪雨や干ばつ、あるいは冷夏や暖冬といったものでしょうか。これらの言葉を聞いて、耳慣れないイメージを持つ人は少ないはずです。それどころか、多くの人にとって「最近は異常気象が多い」という感覚になっているのではないでしょうか。

元来、自然界では、ありとあらゆることが変動することによって均衡を保っています。自然は、言うなれば、二度と同じことを繰り返さない「不可逆性《ふかぎゃくせい》」をもって地球の歴史を刻んでいるのです。

こうした視点で考える私にとって、異常気象という言葉にはいつも少し違和感を持ちます。本当は、人間のスケールでは「異常」と思うようなことが起きるのが、地球のスケールでは「正常」だからです。地球科学的に言えば、人間にとって都合の悪いことに「異常」

というレッテルを貼っているだけなのです。

夏に猛暑が続いたり冬に大雪が降ったりすると、すぐ異常気象と言われます。気象は常に変化するものですが、それでも統計的に見てもめったに起こらない極端な現象が起きることがあります。こうしたときに初めて異常気象と呼ぶのです。

具体的には、気象観測を続けているある場所で、三〇年以上も起きなかった現象が発生したときに異常気象と考えます。

異常気象としては、異常低温・異常高温・干ばつ・異常多雨などさまざまなものがあります。一方、新聞や雑誌によく登場する「エルニーニョ現象」は、数年に一度は起こる現象なので異常気象ではありません。今年はエルニーニョの年だね、という程度のものです。

地球のシステムは実に見事なバランスを持っています。たとえば、ある地域で異常気象によって高温になっている場合、地球規模で見ると別の地域では異常低温が生じていることがしばしばあります。また、ある地域で異常に大雨が降れば、別の地域で干ばつが続くのです。

その結果、地球のバランスは保たれ、地球全体としての降水量はほぼ一定になっています。実は、四六億年間に地球の持っている水の総量は、ほとんど変わっていません。しかし、地球にとってはくしゃみに過ぎないような現象が、人間の実生活には多大な影響を与え人命を脅かしていることも確かです。

こうした異常気象は、高気圧と低気圧の配置バランスが崩れたときに発生します。その鍵を握るのは、上空を流れる「ジェットストリーム」です。このジェットストリームには、地球の緯度によって異なる名前が付けられています。

日本列島のある中緯度に吹くジェットストリームは「偏西風《へんせいふう》」と呼ばれます。その名のとおり、西から東へ吹く強い風です。また赤道付近のジェットストリームは「貿易風」と呼ばれる東から西へ吹く風です。かつて、この風を利用して帆船が航行しました。

以下では、それぞれのジェットストリームが異常気象にどんな影響を及ぼすかについてお話ししましょう。

地球の気象をつくっている偏西風

北半球と南半球の中緯度地域の上空一一キロメートルあたりを流れる風が、偏西風です。偏西風の流れには、「東西流型」・「南北流型」・「ブロッキング型」の三つの型があります（図版5―1）。

図版5−1　大気循環の3つの基本型

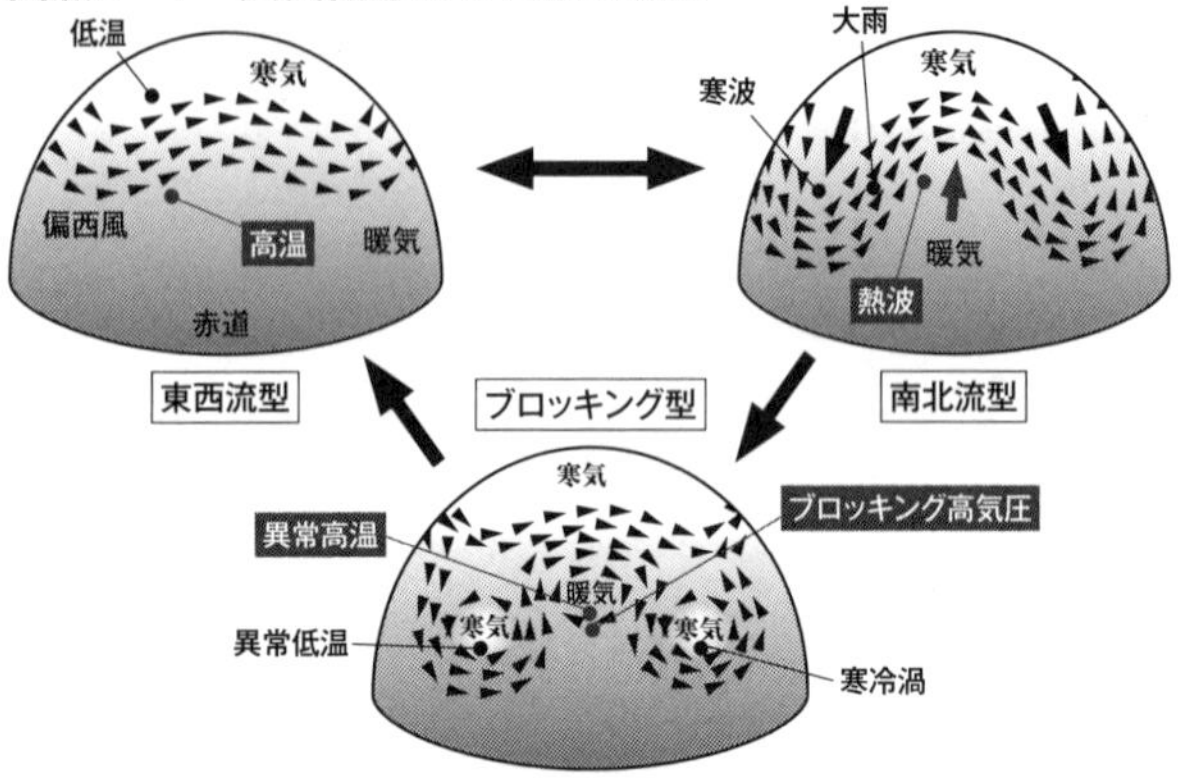

通常、偏西風は東西流型と南北流型を交互に繰り返しています。その周期は四〜六週間ほどで、その間に気温が高かったり低かったり、という日常的な変化があるのです。

それに対して、これらの型が六週間を超えて長く続くと、異常気象が起こります。たとえば、「東西流型」がずっと続くと南北の温度差が大きくなり、流れの北側で異常低温、また南側では異常高温が出現しやすくなるのです。

次に、「南北流型」が長く続くと、偏西風は南北へ大きく蛇行《だこう》を始めます。その結果、北から寒気が南下した地域では「寒波」が発生します。

これとは逆に、南から暖気が北上する地域では「熱波」が発生します。そして、その中間に当たる地域では大雨となる可能性があるのです。

この南北流型が強まってくると、三番目の「ブロッキング型」となります。この型は長く継続し、通常の偏西風から切り離された「大気の渦」ができます。こうなると、南側に寒気を持った低気圧が現れて、緯度の低い地域に異常低温を引き起こします。一方、北側には暖気を持った高気圧が現れて、異常高温を引き起こすのです。

こうしてできた高気圧は「ブロッキング高気圧」と呼ばれるもので、このような状況になると、冬は大寒波と豪雪、また夏は猛暑と豪雨など、世界各地で災害を誘発する天候になります。この状態になってしまうと高気圧と低気圧はなかなか動かず数週間以上も継続することがあり、その結果として「異常気象」が発生するのです。

温暖化問題の本質

さて、皆さん注目の温暖化問題はどうでしょう。近年、地球温暖化は地球科学に限らず政治・経済の主要な問題となっています。地球の平均気温を調べると、過去四〇〇年間に高くなってきたことがわかります。特に、詳細な観測データが得られている二〇世紀以後に限って見ると、平均気温が一℃ほど上昇しているのです。

一方、過去一〇〇〇年間の大気に含まれる二酸化炭素の濃度は、二八〇ｐｐｍから三八〇ｐｐｍまで上昇しました。二酸化炭素が急に増えたのは、人間が石油や石炭などの化石燃料を大量に燃やしたためです。

では、二酸化炭素が増えるとなぜ気温が上昇するのでしょうか。その説明のために、まず気温がどのように決まるかを見てみましょう。

地球の気温は太陽から来るエネルギーによって決まります。素晴らしいことに地球が受け取るエネルギーと、地球から出ていくエネルギーがつり合っているので、地球の気温はほぼ一定に保たれているのです。

太陽から地球までやってきたエネルギーの三割は大気圏に入ったあと、地上に届くことなく雲などで反射され、宇宙へ消えていきます。皆さんは飛行機の窓から雲が白く輝いているのを見たことはないでしょうか。これは、太陽の放射エネルギーが反射して輝いているのです。

さらに、エネルギーの二割は大気圏を通過するときに雲や大気に吸収されてしまいます。この結果、もともと地球までやってきた太陽からのエネルギーの五割ほどしか地上まで到達しません。

こうして太陽から地上に到達したエネルギーは、複雑にエネルギーをやりとりしながら、最後にほぼ同じ量のエネルギーが宇宙空間へ出ていきます。入るエネルギーと出るエネルギーが基本的に等しいので、地球上は一定の温度が保持されるわけです。

さて、日中に車を屋外に停めておくと、車内がひどく高温になることがあります。これは窓ガラスを通って入ってきた一部のエネルギーが室内に閉じこめられ、窓の外に出ていかないからです。ビニールハウスや温室はこの効果を利用しています。

大気中の気体にも、温室と同じように熱を閉じこめる働きをするものがあります。二酸化炭素、水蒸気、メタン、フロンなどの「温室効果ガス」と呼ばれるものです。これらのガスは、電磁波の一つである赤外線を吸収するという性質があります。

赤外線を吸収すると、太陽からの熱エネルギーを溜め込むことになります。大気にこうした温室効果ガスが多く含まれると、エネルギーを宇宙空間に放出せずに蓄積し、地上を徐々に暖めることになるのです。

温暖化が進むと地球はどうなるのか

では、地球温暖化が進むと、地球上の気象はどう変わるのでしょうか。たとえば、台風は基本的に海面と上空の温度差によってつくり出されます。温暖化によって上空の温度が上昇すると、海面と上空の温度差が小さくなります。このため上昇気流も弱くなり、台風が減少する可能性があるのです。世界気象機関の会議では、地球全体の熱帯低気圧の発生数が最大で三割ほど減るという報告が出されました。

一方、大洋ごとの発生確率で見ると、台風が減る地域と増える地域に分かれるというシミュレーション結果も出ています。たとえば、太平洋の北西部では三割以上減るが、大西洋の北部では六割も増えます。こうした大洋ごとの予測は、専門家によって結果がまちまちで、まだ研究段階にあると言えるでしょう。

温暖化によって海面の温度が上昇すると、発生する水蒸気が多くなります。この結果、積乱雲ができる頻度も上がり、熱帯低気圧が巨大化する可能性が高まります。たとえば、海面温度が二℃高くなると台風のエネルギーは最大二割、また降雨量は三割増えるという予測もあります。

これらはいずれも最速のスーパーコンピュータを用いた膨大な計算による画期的な研究成果です。今後どのような方向に地球の気象は変化するのかが注視されるところです。

地球はこれから寒くなる？

温暖化問題の論議が華やかに行われていますが、もし地球の大気に温室効果ガスがまったく含まれていなければどうなっていたでしょう。地表の平均温度は氷点下一〇℃以下であったと考えられています。これは、海洋のすべてが凍りつくということです。この状態を全球凍結した「スノーボール・アース」（雪玉地球）と呼びます。

実は、四六億年にわたる地球史では、こうした時期が数回ありました。スノーボール・アースが現在のような温暖な地球に戻った原因は、大気の二酸化炭素濃度が上昇したためであることが判明しました。

長い期間で見れば、二酸化炭素は悪者でも何でもなく、地球の環境を一定に保つための重要なメンバーだったのです。いわば、地球が平衡状態で持続するためにはなくてはならないバランス調整係としての存在です。

何十万年という地球科学的な時間軸で見れば、現在は氷期に向かっています。たとえば、過去一三万年前と一万年前には比較的気温が高い時期がありました。また、平安時代は今よりも温暖な時期でしたが、一四世紀から寒冷化が続いています。すなわち、大きな視点では寒冷化に向かう途上の、短期的な地球温暖化状況にあるというのが今の状態です。

確かに、一八世紀後半に始まった産業革命以降に放出し続けている二酸化炭素が、現在までの気温上昇の一因である可能性はあります。しかし、温暖化を引き起こした二酸化炭素の寄与率は九割から一割までと、研究者の間でも意見が大きく分かれています。

また、二〇一〇年には温暖化問題を扱う国際機関のＩＰＣＣ（気候変動に関する政府間パネル）が提出したデータの確実性などに対して、何人かの世界的な研究者から疑問が投げかけられました。このようにＩＰＣＣの提言へのコンセンサスが科学者の間でも得られていない、というのが現状なのです。

さらに、今後数十年間は寒冷化に向かいつつある、と唱える地球科学者も少なからずいます。将来にわたり現在の勢いで地球温暖化が進むかどうかは、必ずしも自明とは言えないのではないか、と私自身も考えています。たとえば、大規模な火山活動が始まると、地球の平均気温を数℃下げることがしばしば起こってきたからです。

地球史を長期的に見ると、もともと自然界にはさまざまな周期の変動現象があります。こうした自然現象を、人類の生産活動が起こした短期的な現象から区別して評価しなければなりません。地球温暖化問題は「長尺の目」で捉えなければ、国際政治や経済に振り回される事態からいつまでも脱却できないのです。

「環世界」という新しい視点

ここでもう一つ地球を考える上で大切な視座の話をしましょう。ヤーコプ・フォン・ユクスキュル（一八六四〜一九四四）という生物学者が、一九世紀に「環世界」という概念を出しました。彼は著書『生物から見た世界』（岩波文庫）の中で、動物から見た環境は何か、を考えました。生物にとって環境がもたらす意味を論じたのです。

環境とは、私たちを取り囲む木や花、もしくは気温・天候などの状態すべてです。しかし、動物が自分を中心として環境を捉えた場合にはどうなるでしょう。何が重要で何がどうでもよいかは、それぞれの動物によって異なります。環境に対して動物たちはみなそれぞれ独自の基準を持っているのです。

たとえば、動物の血を吸って生きるダニは、哺乳類《ほにゅうるい》の出す酪酸《らくさん》のにおいで獲物が近づいてきたことを察知します。木の上で獲物の接近を待っていたダニは、哺乳類が下を通過したとたんに落ちてきます。首尾よく取り付くと、今度は触角を使って毛が少ないところを選んで血を吸うのです。

このダニにとって意味がある環境は、まず酪酸のにおいです。また、ダニの持つ温度センサーは温血動物の体温に反応しますが、アツアツの焼き芋の温度には反応しません。すなわち、主体(ダニ)にとって意味あるものだけが、実在する世界なのです。客観的に外から環境を見るのとはまったく異なる視点がここにあります。

こうして定義された環境に対して、ユクスキュルは新しく「環世界」という言葉を与えました。言うなれば、あらゆる動物はみな独自の環世界をつくりながら、その中に浸って生きているという発想です。

実は、私たちが「環境問題」と言うときは、人間にとって都合のよい世界が周囲にあるかどうかを問題にしているのです。すなわち、「よい環境」とは、実は「人間にとって都合のよい世界かどうか」あるいは「人間が深く関心を持っている生き物にとってよい環境かどうか」です。我々はいつも人間中心でものを考えているわけです。

ちなみに、『生物から見た世界』の原著には「見えない世界の絵本」という副題がついています。文字どおりたくさんの挿絵があるのですが、その挿絵の一つに、人間が見た居間、犬が見た同じ居間、そしてハエの見た同じ居間、という三点の絵があります。

人間と犬とハエとでは、同じ居間にいても見えているものが違うのです。人間には、居

図版5-2　環世界の姿

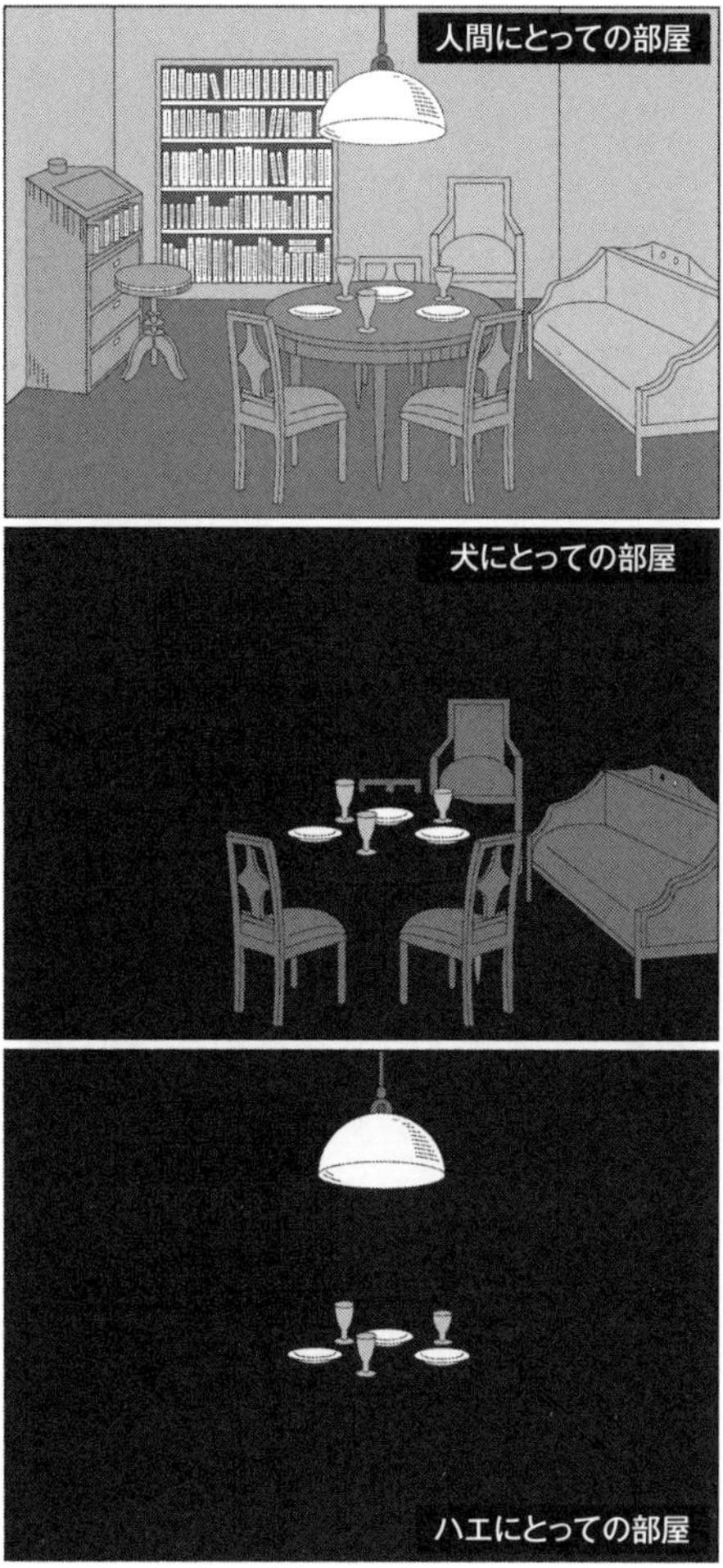

『生物から見た世界』(岩波文庫)を参照し作図

間に置かれたイス・電灯・本棚、またテーブルの上にのった食べ物などが見えているのですが、犬にはテーブル上の食べ物とイスしか見えていません。これがハエになると、電灯と食べ物以外の何も見えてはいないのです（図版5―2）。このように、それぞれの主体によって意味があるもののみが存在する、というのが環世界のありさまです。

傍《かたわ》らから見れば、どの動物も客観的環境に適応しながら生きているのですが、個々の動物にとって見れば、自身がつくり上げた主観的な環世界の中でのみ生きているのです。

さらにこの考えを押し進めてみると、興味深いことに気づきます。地球上の生き物は、人間以外どれ一つとして「地球のために」などとは考えずに生きています。生命体は短い時間スケールでは自分たちの種の維持という目的のために行動し、長いスケールでは突然変異を受け入れながら進化し、種の存続を図っています。

すなわち、あらゆる生物が自分の適性を生かしながら、全体として地球の多様性が維持されています。こうした状況をマクロに見ると、地球の安定は個々の生命体が勝手に活動を続けながらも、全体としては調和がとれている状態が保たれているのです。これは地球を「長尺の目」でまるごと見ることによって初めて見えてくる姿と言ってもよいでしょう。

ところでノーブレス・オブリージュ（尊い地位に伴う道徳的義務）という言葉がありますが、

これは生命体のすべてに共通する原理でもあるのです。地球上に何億という数の種が共存しながら、全体として多様性を維持しています。すなわち、「地球上に生まれてきたこと自体がノーブレス（尊いこと）」という考え方が、地球科学的な生命誌の発想から出てくるのだと私は思います。

動物は自然環境の中に適応しながら暮らしていて、自然を変えてしまおうなどとは決して考えません。一方、人間は与えられた環境だけでは満足せず、生活しやすく有益なものへ絶えず改変しようとします。

一万年前に始まった農業も、また化石燃料を大量に使い始めた産業革命も、自然を意のままにコントロールするという営為でした。実は、地球環境問題は人類の環世界がつくり出した問題に他ならないのです。

環世界の考え方は、一八世紀の哲学者カント（一七二四〜一八〇四）の認識論とも通じるところがあります。すなわち、人間がある対象を認識することで、初めてその対象は実在のものとして現出する、という考え方です。

逆に言えば、人間は自分の持つ認識方法（アンテナ）でしか対象を認識できないのです。ユクスキュルの環世界は、人間のみならずすべての生物が、自分固有の認識方法で世界を認識している姿を明瞭に示しました。

つまり、人間にとっての環世界は人間にとって周囲の世界を認識する「幻想」である、と極言することもできます。人類はこれまでさまざまな幻想としての環世界を、世界じゅう至るところにつくってきました。

「共同幻想」という言葉がありますが、考えてみれば、お金も国家も愛もすべて人のこしらえた概念です。そうした概念の世界に振り回されることからいったん脱却してみようというのが、地球科学が提案するものの考え方なのです。くわしくは拙著『世界がわかる理系の名著』(文春新書)をご参考にしてください。

地球が持っているバランス・システム

ここでシステムとしての地球にまつわる素敵な話をしましょう。これまで地球科学の研究では、それぞれの部分の構成物質や地史(地層の歴史)を細かく見てきました。たとえば、地球をつくる岩石の変化、地層の分布と年代、大気の移り変わり、地球上の生物の進化などを別々に見てきたのです。

しかし、最近一〇年ほどは、それぞれの要素が相互に結びついた全体のふるまいと成り立ちを研究するようになりました。現在では岩石、大気、水、生物などの各要素の働きと相互作用について地球全体の関係性に視点をおいた研究が盛んに行われています。

その結果、互いに影響しあいながら安定している地球の動的な姿が見えてきたのです。これは近年、「地球惑星システム」と呼ばれています。

タコツボ的な研究から脱却し相互関係を鑑《かんが》みるという視点は、どの学問分野よりも地球科学が先を走っています。私自身が理系や文系という枠組みにとらわれずに、物事を横断的に見て判断しようとしてきたのも、地球科学的な発想の影響を受けているからです。

さて、地球という大きなシステムは、これを支える「気圏」、「水圏」、「岩石圏」という小さなサブシステム（構成要素）を内部に持っています。この中では生物も暮らしているので、これらに「生物圏」を加えることもできます。それぞれの「圏」は、他の圏とは異なる物質で構成され互いにエネルギーをやりとりし、また形成の歴史もさまざまです。

こうしたサブシステム（圏）を構成するもののうち、地殻やマントルなどの岩石圏である「固体地球」が、地球全体の質量の九九パーセントを占めています。固体地球は原始地球の誕生以来、地球内部に蓄積された熱が地表へ移動することによって駆動されてきました。たとえば、地震や火山噴火などのダイナミックな現象は、この岩石圏の生み出した営みの一つです。

一方、地球上の物質の「流れ」に注目すると、気圏、水圏、生物圏といったサブシステムが重要になります。これは「流体地球」という領域で、いずれも「固体地球」の表層にあるものです。

例を挙げると、我々にも非常に身近な「水の循環」は、生物圏を維持するために最も必要なものの一つです。この流れは太陽放射という地球外のエネルギーによって駆動されます。気体（水蒸気）・液体（水）・固体（雪・氷）と姿を変えながら、気圏と水圏の中を循環し、一部は地下水として岩石圏の中も巡ります。さらに、陸地を流れる水の動きは、地上の岩石を浸食し海へ土砂を供給したり、また栄養分を流し込んでいきます。

気圏と岩石圏の相互作用には、大変興味深い現象があります。大陸から飛来する黄砂の粒子や火山噴火で噴出する火山灰は、かなりの量の「物質移動」を起こしているのです。たとえば、大規模な噴火が始まり火山灰やエアロゾル（微粒子）が気圏内に供給されると、気候変動をもたらすことがあります。

さらに、二酸化硫黄や塩化水素などの火山ガスが、岩石圏の中にある地上の岩盤の化学的な「風化」を促進します。また、こうしたガス成分は最終的に海洋に流入します。海水の化学組成を変化させ、沈殿物による堆積物を海底に生み出します。この堆積物は、プレート運動によってマントルの中へ沈み込み、長い時間を経て火山ガスとなって再び気圏へ噴出するのです。

こうした物質とエネルギーの流れを定量的に明らかにすることが、地球科学の重要なテーマとなっています。

変化するから「進化」

地球を構成するすべての「圏」の関係性とその時間変化を見つめていくのが、地球惑星システムの新しい考え方です。なお、地球のプロセスは、時間の経過とともに一方向へ進んでいきます。そのため「不可逆の現象」と呼ばれ、時間的な再現性がないという意味で物理学や化学とは異なる体系を持っています。

すなわち、地球惑星システムの形成には、生命の誕生や進化と同じ「歴史科学」の構造があるとも言えましょう。こうしたことから生物学と同様に地球史でも「進化」という言葉が使われてきました。

元来、自然界ではありとあらゆることが変動することで均衡を保つようにできています。

よって、「しなやかに」変化する能力を持つことが、自然の摂理にかなった動きとなるのです。もし変化を拒むような現象があれば、変転する自然界とは相いれずに、その現象は遅かれ早かれ衰退してしまいます。地球上の生物はすべて、この原理に沿って環境の変化に合ったシステムを構築してきました。

人間も例外ではなく、自然の原理に従って進化を遂げてきました。体にもこうした優れた機能が備わっているのですが、このことを最初に指摘したのは米国の生理学者ウォルター・キャノン（一八七一～一九四五）です。たとえば、暑くなると体温の上昇を抑えるために汗をかき、出血すると血液は固まります。こうした調整機能に対してキャノンは「ホメオステーシス」と名づけ、生体を常に安定状態に保つ仕組みを見事に解き明かしました。

こうして生物は、環境がいかに変化しても何事もなかったかのように平静にふるまえるように進化していったのです。このシステムについては拙著『座右の古典』（ちくま文庫）でくわしく紹介しましたので、ぜひ参考にしていただきたいと思います。

現在の地球の姿は、太陽系の寿命一〇〇億年の中での進化の一断面と考えることも可能です。マラソンにたとえれば、四六億年経過した地球上の我々は、ちょうど折り返し点にいると言えるのです。

第六章　「長尺の目」で世界を見る

【対談―六】 鎌田浩毅×室井滋

「人類を滅ぼすような自然災害はあるのですか?」

鎌田　アトランティス大陸ってご存じですか?

室井　世界中の人が探しているアトランティス大陸ですよね!

鎌田　アトランティス大陸は忽然と姿を消してしまった幻《まぼろし》の大陸で、古代ギリシャの哲学者プラトン（前四二七〜前三四七）が書いた『ティマイオス』『クリティアス』という作品に記されています。「ティマイオス」はプラトンの数学の先生、「クリティアス」はひいおじいさんです。

昔、アトランティス大陸という大陸があって、エジプトやギリシャ以上の文明が栄えていたというのです。あるとき激しい地震が起き、大津波と大洪水に襲われて一夜で消滅してしまった。

大学者プラトンの文章ですし、『クリティアス』には「アトランティスの物語」という副題までついているものだから、それ以後、人類は「アトランティスはどこだ？」と大騒ぎしてきました。

結論から言いますと、ギリシャのエーゲ海の南にクレタ島という美しい島があります。ここに三六〇〇年も前に非常に高度な、ミノア文明が栄えていました。近くのサントリーニ島にも同じ文明があったのですが、このサントリーニ島で大噴火が起こり、クレタ島のミノア文明、すなわちアトランティスが滅びたのです。これが現代の火山学者の結論です。三六〇〇年前に突然カルデラ噴火が始まり、高温の火砕流《かさいりゅう》が流出した。このときに大きな津波も発生したのですが、それがクレタ島まで押し寄せミノア文明を滅ぼしてしまったのです。実際、この付近の海底には、火砕流の堆積物が残っています。

こうした一連の事件を、プラトンのひいおじいさん「クリティアス」が、エジプトの神官のソロンから聞いた、という逸話がもとなのです。文明が栄えていたアトランティス大陸とは、クレタ島のことです。また、メトロポリスという円形の都市は、カルデラの形をしたサントリーニ島だったろうと、我々は考えています。

実は、これは地中海の東部で起きたことで、大西洋ではありません。アトランティスとは、大西洋（アトランティック・オーシャン）と語源が同一ですから、みんな大西洋に沈んでいるのではないかと探しました。しかし、何千年もほうぼう探したが見つからなかったのですね。大西洋になかったというのは、地球科学的には当たり前のことなんです。
大西洋はもともと閉じていたんですが、二億年以上前に大陸が割れて海ができあがったところです。たとえば、アフリカ大陸と南北アメリカ大陸が、大昔はくっついていたんです。ほら地図を見ると凸凹の地形が合うでしょう。

室井 あ、ほんとだ。ジグソーパズルみたいに合う。

鎌田 それでこの巨大な大陸が分裂して、その間に海水が入り込んで大西洋となったんです。事実、大西洋の中央部にはその分かれ目（中央海嶺《かいれい》）があります。こうした歴史を考えると、そんな海が開きつつあるところにアトランティス大陸があるはずはないんです。

室井 なるほど。よくわかります。

鎌田 他にもいろいろとおもしろいことがあります。プラトンは、アトランティスの消滅は一万年前に起きた、と書いているんですが、それだとちょっと古すぎるんです。実際のサントリーニ島の噴火は、プラトンが生きていた時代より一〇〇〇年ほど前です。これは噴出物の年代測定ではっきりとわかっている。
じゃあ、一万年前と一〇〇〇年前との差異は何だろうかという疑問が出た。その答は、アトランティスは伝承なので昔の人が一〇〇〇を一万に間違えたんじゃないかと。

室井 えっ、そんなことあるんですか！

鎌田 これはありえる話なんですね。当時、クレタ文字というのがあったのですが、線文字Aと線文字Bという二種類のうち、線文字Bは解読されています。この中で数字の表記がわかっていますが、一〇〇〇を表すのがマルで、一〇〇〇はその周りにちょっと線がついている。

おそらく、昔は正しく書いてあったのが、傷がついて数字が間違って伝えられたんじゃないか。そもそも聴き語りのそのまた聴き語りをしてきたのだから、どこかの時点で間違えて伝わっても不思議はないのです。

室井 なるほど。確かに長い年月には起こるかも、ですよ。

鎌田 地球科学的にこの説が正しいと思うのは、今でもサントリーニ島には活火山があって温泉がある。

室井 そのあたりには温泉が結構ありますね。私はトルコで温泉に浸かりました。

鎌田 プラトンは「赤い石、白い石、黒い石があった」と書いているのですが、日本でも温泉のそばには変色した石を見かけますよね。熱水で変質してできた鉱物が、こういう色になるのです。
それから「大洪水があった」とも書いているけれど、実際クレタ島には津波の痕跡が残っている。海域の大噴火で火砕流が出ると、しばしば津波が発生するので、それで滅亡したというのは証拠としてよく合う。年代的にも、プラトンがいた一〇〇〇年くらい前ならば伝承がまだ残っているだろうし。

室井　なるほど、納得ですね。

鎌田　アトランティスの事件でもう一つ大事な点は、地震は文明を滅ぼさないけれど、火山噴火は文明を滅ぼすということです。たとえば今研究者が心配している三連動地震の場合、日本国は大きなダメージをこうむるでしょうが、文明は滅びない。でも、サントリーニの火山噴火は、ミノア文明を滅ぼしてしまったのです。それくらい火山は怖い、と私は思っています。

室井　そんなエライことになる火山はまさか、日本にはないですよね?

鎌田　実は、あります。日本では七三〇〇年ほど前の縄文時代に、鹿児島沖の薩摩《さつま》硫黄島《いおうじま》で大噴火が起きました。大量の火砕流が出て、南九州一帯を一度に覆いつくしたんです。そこに暮らしていた縄文の人びとはみな死滅してしまいました。

このことは土器の形でわかるんです。火砕流に襲われる前につくられた縄文人の土器は、南方から来たものです。一方、火砕流の上にある土壌の中からも土器が発見されたのですが、これは全然違う形をしている。おそらく大噴火で絶滅してから数百年たって、北から来た人たちが新しい形式の土器を伝えたのだと思います。

室井　そんなすごい噴火、またいつか起きるんですか？

鎌田　日本列島はこうしたレベルの噴火が、一〇万年に一二回くらい起きているんです。ざっと計算すると七〇〇〇年に一回は起きている。そして一番最近の巨大噴火が七三〇〇年前、その一つ前は二万九〇〇〇年前。地球科学的にアバウトに言ったら、もういつ起きても不思議じゃないんです。

室井　ヤ、ヤダッ‼　どういうところで起きるんですか？

鎌田　まず北海道ですね。西暦二〇〇〇年に噴火した有珠山のある洞爺《とうや》湖。あとは屈斜路《くっしゃろ》湖、阿寒《あかん》湖、摩周《ましゅう》湖など。それから東北では十和田湖、九州の阿蘇カルデラもそうですね。

室井　きれいなところばかりですね。

鎌田　それ、大事なポイントです！　日本の国立公園の九割は火山地域にある。つまり、火山は「災害」だけでなく、「恵み」も一緒にもたらすんです。こういう場所に日本人は何十万年も暮らしてきたのですね。

文明を滅ぼすレベルの噴火を、火山学者は「巨大噴火」と定義します。「破局噴火」ともいいますが、大量の火砕流が出て、カルデラをつくるような噴火ですね。

その次に小さいレベルは「大噴火」。富士山が三〇〇年前の江戸時代に起こした宝永噴火はこのレベルです。数百年溜めたマグマが一気に出ると、大噴火になる。実は、二〇一一年一月に起きた霧島火山・新燃岳《しんもえだけ》の噴火は、あれでも小噴火なんです。

さて、七〇〇〇年に一回の文明が滅びる巨大噴火ですが、これが起きると日本列島に住めなくなります。

室井　ええっ!!

鎌田　阿蘇山は今から九万年前に大爆発しましたが、このとき火山灰が北海道まで飛んでいきました。九州で巨大噴火が起きると、近畿で五〇センチ、関東で二〇センチ、北海道で一〇センチも積もり、まさに日本全土を覆うわけです。

室井　うわぁ……。巨大噴火の前にも、何か「お知らせ」があるんですか？　噴火の前には地震とかの「お知らせ」があるとのことでしたが。

鎌田　あります。巨大噴火の前には、それより規模を小さくした噴火が必ず起きます。巨大噴火がいきなり起きることはありません。事実、九万年前の阿蘇の巨大噴火の前には、近くに軽石や火山灰がたくさん降り積もる「大噴火」が起きました。こうしたものの一番最後に大規模な火砕流が出て、地面が陥没してカルデラをつくったのです。

室井　「巨大噴火」の前に来る「大噴火」とは、どのくらい前に起きるんですか？

鎌田　一〇〇年とか一〇〇〇年前でしょうね。

室井　では、「大噴火」は突然起こるんですか？

鎌田　いえ。今度は「大噴火」の前には必ず「中噴火」や「小噴火」が起きます。何百年もかかって、次第に規模の大きな噴火が起き始める、と考えてください。これは過去の噴火をくわしく調べてわかったことです。

室井　じゃ、やっぱり「お知らせ」はあるんですね。「大噴火」がまだってことは「巨大噴火」は一〇〇〇年先かもしれないってことですね。ただこれが起きると、そのときにはもう日本には住めないと……。

鎌田　そうです。室井さん、「長尺の目」に慣れてきましたね(笑)。

室井　ああ、そう言えば、それで思い出しました。私あるオカルト系の本で読んだんですが、近々、ハワイと日本の間に新しい島ができて渡れるんじゃないかって。

鎌田　ははは。半分は正しいのですが。新しい島ができるのじゃなくて、ハワイと日本がくっつくんです。それも「近々」っていうのは五〇〇〇万年以上も後ですが（笑）。

室井　そんな遠い話なんですか。でも、本当なんだ！

鎌田　ハワイを乗せた太平洋プレートは絶えず動いていますから、一年に八センチくらいの速さでハワイは日本に近づいているのです（図版序—1、23ページ）。まあツメの伸びるくらいの速さかな。だから五〇〇〇万年後には、ハワイが江の島みたいになります。

室井　ハワイが江の島!?　プレートが動いていると、日本も動くんじゃないんですか？

鎌田　ハワイが乗ったプレートが日本へ近づくと、今度は日本列島の下へ沈み込むんです。斜め下三〇度くらいの方向にもぐり込んでしまう。だからハワイは今でもゆっくりと近づいているんです。

室井　もぐっていったプレートは、そのあと、いったいどうなるんですか？

鎌田　よい質問です。ずんずんもぐっていくと、やがて六七〇キロメートルくらいの深さで、いったん溜まります。

そのあと溜まったプレートの残骸が、さらに二九〇〇キロメートルも下まで落ちていく。そのあとこの残骸はよみがえって、再び地上まで上昇してくる。巨大なマグマの塊となって噴火するんです。つまり、ハワイの乗ったプレートは、最後にはそのまま地球の中でグルッと回って出てきます。

室井 地球の中をグルグル回っているんですか！

鎌田 そうです。もっとも、一億年くらいかけて回っているんですが。

室井 おっと〜、また「長尺の目」ですか？

鎌田 ははは、そうです。今、地球を輪切りにして考えてみましょう。プレートは地中深くもぐると、形を変えながらグルッと回って出てくる。こうした状態を「プルーム」といいます。だいたい一億年くらいの周期でプルームが対流しているのです。

室井 空港の荷物取り出しのベルトコンベアーが地球の中ではタテになってる、みたいな感じですよね。荷物を取り損ねても、あとで出てくる……。

鎌田 そうそう、よいたとえですね。まあ一億年待っていれば、荷物は出てきます。それが「超巨大噴火」なのです。

室井 今度は「超」がつくんですか。それで、地球は大丈夫ですか？

鎌田 あまりそうでもないかもしれない。「超巨大噴火」は、巨大噴火の一万倍くらい大きいんです。これが起きると地球環境はメチャメチャになり、生物が大量に絶滅します。

古生代、中生代、新生代、という年代区分がありますよね。中学校で習ったと思いますが、これは生物が全部死んで、置き変わっちゃったということなんです。古生代の三葉虫、それが絶滅して中生代の恐竜の時代、それが絶滅して新生代の哺乳《ほにゅう》類の時代へと。最初の古生代から中生代へなぜ移ったか、というと、ここで「超巨大噴火」が出てくるんです。二億五〇〇〇万年前のことです。

室井　うわあ。次に超巨大噴火が来るのはだいたいわかっているんですか？

鎌田　一億年くらい前の中生代にも超巨大噴火は起きています。一億年で一サイクルだから、もうこれも満期ですかね。

室井　時間のサイクルは全然違いますが、ひたひたと来ている感じがしますね。

鎌田　富士山の噴火と同じ。いつ起きても不思議ではないですね。

室井　やっぱりマヤ暦やホピ族の暦で二〇一〇年で世界が終わり、っていうのには、こういうことも含まれているんですかねぇ。

鎌田　まあ誤差が一〇〇〇万年ほどありますから（笑）。

室井　超巨大噴火は決まった場所で起こるんですか？

鎌田　場所はわかっています。だいたい、大陸の真ん中を割るんです。

室井　大陸を割る!!　じゃ、中国の真ん中から出てくるとか！

鎌田　中国はないけど、アフリカなら可能性があります。パンゲア大陸って聞いたことありますか？

かつて南北アメリカとアフリカがくっついていた大陸。これに南極とか現在の五大陸すべてがくっついていたパンゲア大陸というのがありました。三億年くらい前のことです。

これが二億五〇〇〇万年前に割れ始めて、先ほど言ったような超巨大噴火が起きた。莫《ばく》大《だい》な量のマグマが大陸を割ったのです。その結果、地球上の九五パーセントの生物が絶滅して古生代が終わったんですね。

室井　うわぁ。

鎌田　フィクションではありません。実は、この話は地球科学の最先端のテーマでして、ここ一〇年ほどで科学的にわかってきたことなのです。このように火山学者は近年、考古学にも生物学にも関わるようになり、あちこちからお座敷がかかるようになってきました。

まず、アトランティス大陸からじっくりとご説明しましょうね。

【本論】「長尺の目」への思考転換のために

アトランティス伝説の謎を解く

「アトランティス」はヨーロッパで繁栄していた伝説の地名です。今から見ても驚くほど発展した文明を持ちながら、なぜか突然消えてしまった。伝説の国は本当に実在したのか、それとも幻だったのか、いまだに謎だらけです。

ここからは少し、プラトンの文学と古代人の謎解きの世界へご案内しましょう。自然界のスケールの大きさを感じとっていただければよいと思います。

古代ギリシャ人やローマ人よりずっと以前、アトランティスでは非常に洗練された高度な都市文明を築き上げていたと言われています。それが突如として消滅したために伝説となり、長いあいだ西欧世界の人々を魅了してきました。

最新の地質調査で、この伝説の真相が次第に明らかになりました。アトランティスは地中海にあったという証拠が見つかったのです。歴史上でも最大級の火山噴火に襲われた結果、水没したことがわかりました。

この伝説は、そもそも今から約二五〇〇年前に、古代ギリシャの哲学者プラトンが本に残したことが始まりです。彼は晩年の著作『ティマイオス』と『クリティアス』の中で、アトランティスの存在について触れています。

現在では岩波書店版のプラトン全集第一二巻に収められていますが、この二つの作品は、ソクラテスを含む四人の人物との対談からなります。その四人とはソクラテス（プラトンの師匠）、ティマイオス（プラトンの数学教師だったと言われる政治家・哲学者）、クリティアス（プラトンの曽祖父）、ヘルモクラテス（政治家・軍人）です。

アトランティスについて話される内容は、紀元前一万年、すなわち現在からでは一万二〇〇〇年ほど前の話です。かつてポセイドンという海神がいて、彼に与えられた島が「アトランティス」だったと語られます。実際に『クリティアス』には「アトランティスの物語」という副題がついています。

かつて大西洋にあった幻の大陸

さらに、師匠ソクラテスが語ったという以下の言葉があります。「これが作り話ではなく、本当の話だということは、極めて重大な点でしょう」。つまり、この話は事実だとプラトンが書き残したことで、アトランティスがあった場所の穿鑿《せんさく》が始まりました。

実は、プラトンは本の中に場所に関するヒントを残しています。その一つが、「ヘラクレスの柱の入口の前方に一つの島があった」という記述です。ヘラクレスとは、ギリシャ神話の英雄のことです。

あるとき彼は近道をするために巨大な山地を怪力でまっぷたつに割りました。それ以前の地中海は大西洋とつながっていなかったのですが、間に水路ができ二つの海はつながりました。

それが地中海の西端にある現在のジブラルタル海峡に当たります。

以後、古代ギリシャ人はこうしたヘラクレスの故事に因んで、北のヨーロッパ側の岬（スペイン）と南のアフリカ側の岬（モロッコ）の二つを「ヘラクレスの柱」と呼ぶようになりました。

プラトンは、失われたアトランティスは「ヘラクレスの柱の入口の前方」にあったと書いています。すなわち、プラトンのいるギリシャ（地中海）から見ると柱の前方が、大西洋に当たります。それで、アトランティスは大西洋にあることになったのです。

この後、アトランティスは他の場所ではないかと疑う人も数多く現れました。たとえば、アトランティスの候補地として、アメリカ大陸、ブラジル、インド洋、北海、南極大陸などが挙げられました。これら以外にも、ギニア海岸、ナイジェリア、サハラ砂漠、インド、コーカサス、イギリス、ノルウェー、スウェーデン、黒海、北極などなど。

つまり、地球上のありとあらゆる地域がアトランティスの候補地ではないかと考えられたのです。実際、アトランティスの候補地とされた場所を数え上げると、一七〇〇か所以上にもなるといいます。

さらに奇想天外なことに、アトランティスは空飛ぶ円盤だったという説もありました。宙に浮いた幻の超金属「オリハルコン」で神殿がつくられていたという説です。

また、一八八二年にアメリカの政治家イグネイシャス・ドネリー（一八三一～一九〇一）が著書『アトランティス－大洪水前の世界』の中で「すべての古代文明はアトランティス文明を母体としている」と主張し、ベストセラーとなりました。このようにアトランティス探しは世界中の話題となっていったのです。

エーゲ海のサントリーニ島

さて、アトランティスはアトランティス「大陸」とも呼ばれるように、巨大な陸地と考えられてきました。実際、プラトンはアトランティスの大きさについてもヒントを残しています。「リビアとアジアを足したよりも、なお大きな島」という記述です。

プラトンが生きていたギリシャ時代には、リビアはアフリカ大陸を指していました。アトランティスはアフリカ大陸とアジアを足したより大きな島、ということから、「島」というよりは「大陸」と考えられるようになったのです。

しかし、そもそもそんなに大きな陸地は消滅するのだろうか、という疑問も出ました。大きさに関してプラトンが残したヒントはもう一つあります。「アトランティスには、大陸のような大きな島の他にも、小さな島の存在があった」という記述です。

その島の形についてプラトンは、「円形の帯状の陸と海が交互に取り囲むようにしてできていた。面積の大きいものもあれば、小さいものもあった。陸の帯は二重、海の帯は三重であった」と書き残しています（図版6―1）。

アトランティスの中心部には、「メトロポリス」という中央都市がありました。メトロ

図版6−1　アトランティスの中央都市（メトロポリス）の地図

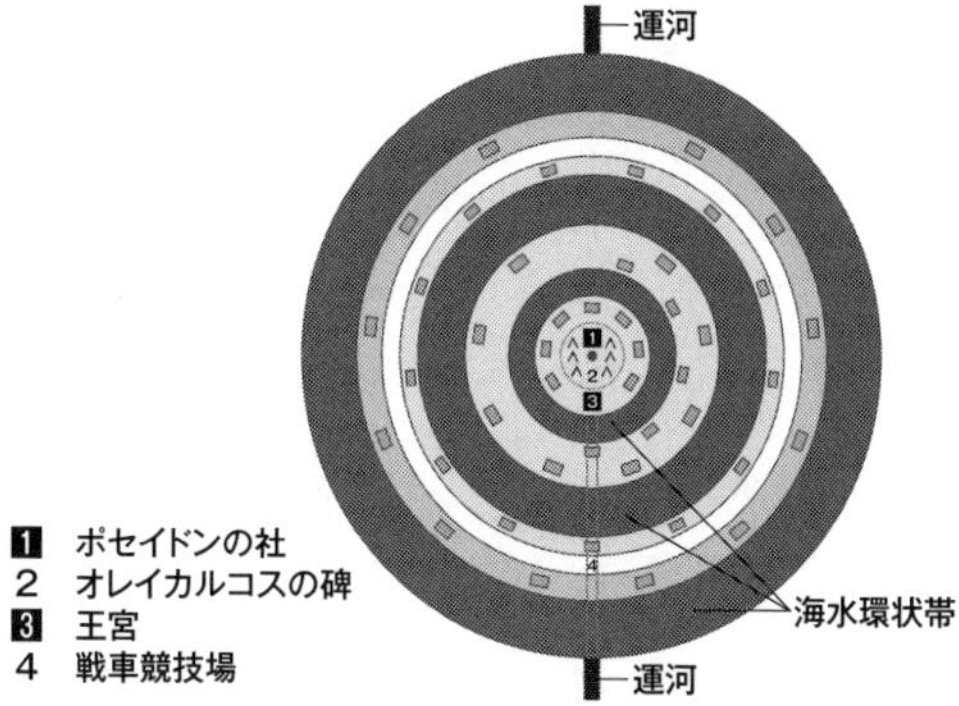

田之頭安彦氏の図を参照、一部改変し作図

ポリスとは、政治経済や文化の中心になるような大都市の意味で、メトロポリタンやメガロポリスと同起源の言葉です。

『クリティアス』には、「アトランティスの都で直径五スタディオンほどの円形の島で、その中央の島を、三つの海水路と環状壁で交互に囲んでいた」と記されています。さらに中央の島には神殿があり、ポセイドンを祀《まつ》った社《やしろ》があったのです（図版6―1）。

ところで、文中でスタディオンというのは古代ギリシャの長さの単位で、一スタディオンは約一八〇メートルです。中央にある円形の島の直径が五スタディオンとは、約九〇〇メートルになります。直径九〇〇メートルの島というのは、意外と大きな島です。

また、プラトンの記述をもとにして計算すると、メトロポリスを取り囲む直径約五キロメートルの環状の水路があり、これを長さ九キロメートルの運河で外海とつないでいたことになります（図版6―1）。

エーゲ海に浮かぶ火山島

地質学的に見て、こうした状況で思い当たるのが、地中海の中にあるサントリーニ島です（図版6―2）。メトロポリス（中央都市）の形と比べてみると、どちらも中央に島があって環状の水路と壁のような陸地があります。ここで、本物のアトランティスはサントリーニ島ではないかという説が登場するのです。

アトランティスの候補となったサントリーニ島はエーゲ海に浮かぶ火山島ですが、ティラ島と呼ばれていました。現在はギリシャ屈指のリゾート地でもあり、海水浴とワインと温泉などが楽しめます。

切り立った崖の上では、白亜の美しい壁を持つ家並みが続きます。西側には断崖絶壁があり、ここから見るエーゲ海に沈む夕日はとても美しいものです。

さて、火山学的には、この島はインドネシア・クラカトア火山のような巨大なカルデラ

図版6−2　エーゲ海の島々と古代都市

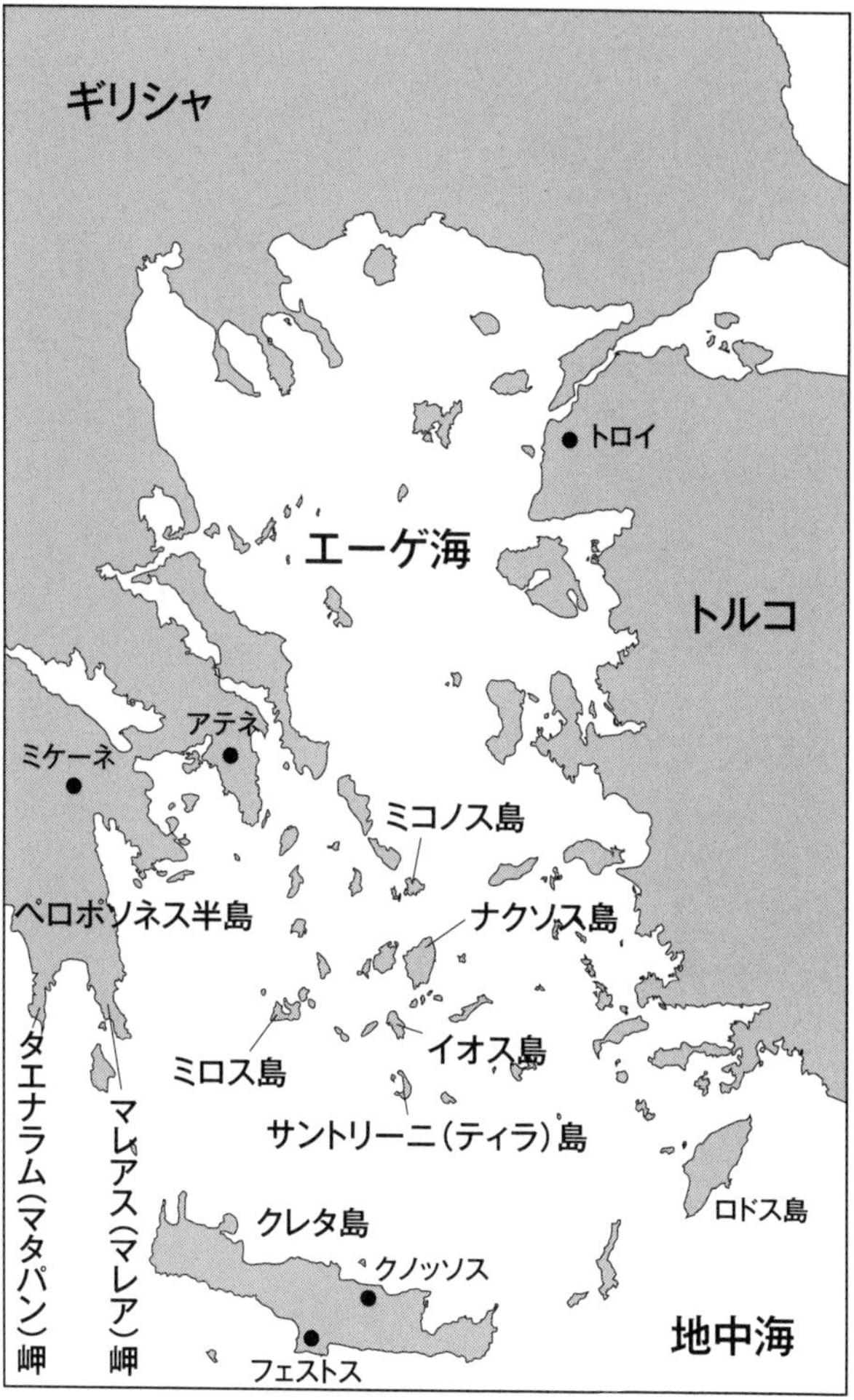

竹内均氏の図を参照、一部改変し作図

図版6－3　爆発前後のサントリーニ

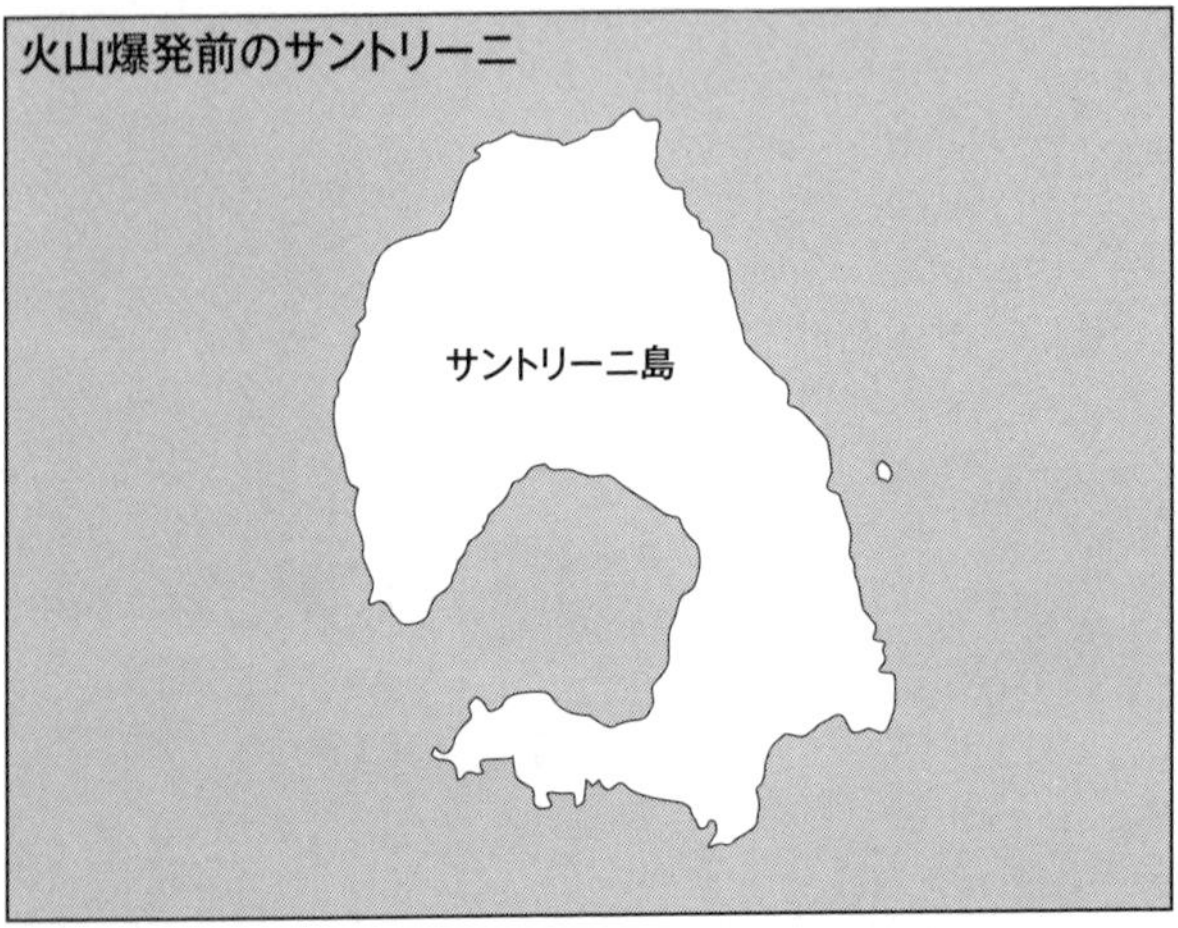

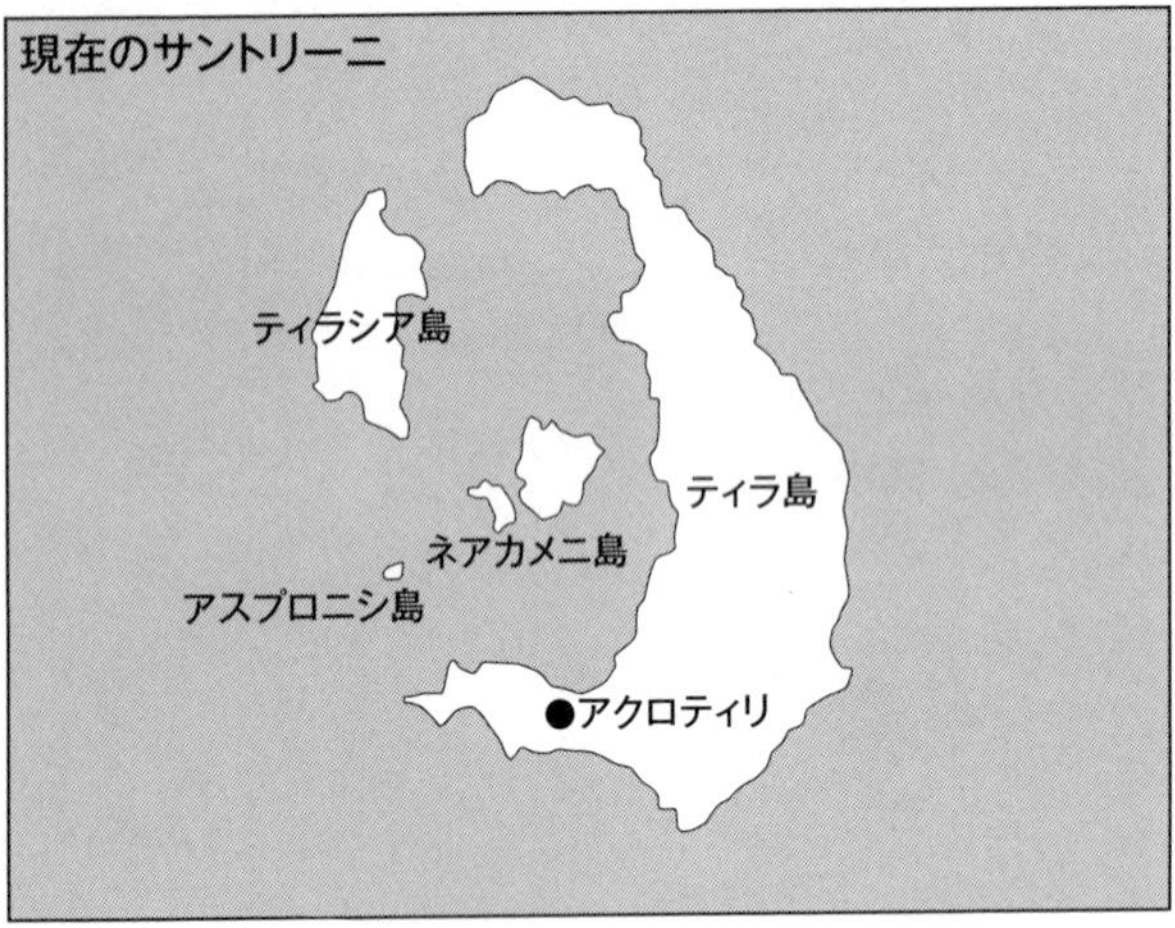

竹内均氏の図を参照、一部改変し作図

でつくられた島です。すなわち、火山の巨大噴火が生んだのがサントリーニ島なのです（図版6―3）。

先ほど述べた、プラトンが残したヒント「ヘラクレスの柱」の謎は、実はジブラルタル海峡でなくても成り立ちます。現在のギリシャ南部、ペロポネソス半島の南端にはタエナラム（マタパン）岬とマレアス（マレア）岬があります（図版6―2）。これらが「ヘラクレスの柱」と呼ばれた地形上の特性に合うのです。

こうしたことを一つひとつ実証していくのも、地質学者ならではの仕事と言えましょう。実は私自身、アトランティスのサントリーニ島説には以前から注目していました。というのは、サントリーニ島の形がプラトンの描写と似ているだけでなく、プラトンは火山と関係のある記述をしているからです。

たとえば、アトランティスには温泉と冷泉があり、赤や黒や白い石があると書かれています。これらは火山地域にはごく普通に見られる現象です。さらに、メトロポリスはサントリーニ島の中央火口丘に当たり、大きさもほぼ一致するのです。

事実、サントリーニ島には火砕流の形跡があります。したがって、プラトンのアトランティスは現在のサントリーニ島と考えて間違いないと考えられるのです。

噴火で滅んだ高度な文明

サントリーニ島には、古代文明の一つである「ミノア文明」が残されています。ミノア文明はエーゲ海で栄えた青銅器文明のことで、伝説として語られているミノス王に因みます。

紀元前三〇〜前一七世紀頃に繁栄した高度な文明で、大規模な宮殿や色とりどりの陶器を残しています。その中心はサントリーニ島の南にあるクレタ島にあり（図版6—2）、三五〇〇年以上も前に水洗トイレを持つような洗練された文明が栄えていたのです。

クレタ島には、サッカー場四面分の広さを持ち、部屋の総数が一三〇〇という壮大なクノッソス宮殿の遺跡があります。この宮殿の壁画には「雄牛」が描かれています。ミノア文明では、雄牛をジャンプして飛び越えるという非常に危険な競技があったのですが、それを描いているのです。

ここにも、プラトンが残したヒントが存在します。「神聖なポセイドンの境内では、雄牛が放し飼いにされ、一〇人の王子は棒と輪綱で雄牛狩りをした。鉄製の武器を使うことはなかった」と書き残しているのです。

実際にクレタ島では、軽石と火山灰の層の下から典雅な「失われた世界」が見つかりました。描かれていた雄牛、女性、サフランなどの図案がプラトンの記述とよく似ているのです。雄牛競技などの儀式や行事を女性が取り仕切っていたこともわかりました。

さらに、プラトンは「アトランティスは青銅器文明」と述べていますが、これもミノア文明が青銅器文明であったことと合致します。こうした事実を踏まえると、海水に囲まれたメトロポリスはサントリーニ島となり、アトランティス大陸はクレタ島と推定できます。

実際にはクレタ島は大陸ではありませんが、すべてが誇張された形で後世に伝わるのが伝説の常でもあります。アトランティスこそがその好例と言えるでしょう。

その後、堆積物のくわしい地質調査などによって、火山噴火の規模がだいぶ判明してきました。また、噴火の前には地震が多発し、クレタ島では大きな被害が出た証拠も発掘されました。

こうしてミノア文明は、紀元前一六二〇年頃にサントリーニ島で起きた大噴火の影響で消滅したと結論されました。一方、その後の調査によってミノア文明は大噴火の約半世紀後に滅んだもので直接の原因ではないという考えも出され、現在でも研究が続いています。

いずれにせよ、大噴火と文明の消滅の因果関係は、古代から人類が強い関心をいだいてきた第一級のテーマなのです。

日本でも起きていた巨大噴火

さて、火山の大噴火で島が消滅してしまうという事件は、日本でもあります。今から七三〇〇年ほど前、鹿児島沖の薩摩硫黄島《さつまいおうじま》で巨大噴火が起きました。その結果、大きな陥没構造（カルデラ）ができ、残りの地域が小さな島として残りました。ちょうどサントリーニ島と同じような島々が残ったのです。

この噴火では、大量の火砕流《かさいりゅう》と火山灰が噴出しました。高温の火砕流は海を越えて九州に達し、南九州一帯を焼け野原としてしまいました。当時ここで暮らしていた縄文人が全滅した証拠が地層の中に残っています。

また、上空高く舞い上がった火山灰は、偏西風に乗って東の方へ飛んでいきました。「アカホヤ火山灰」と呼ばれているものですが、遠く関東・東北地方にも飛来して堆積しています。かなり広範囲にわたり、このときの火山灰が白っぽい地層として現在でも残っているのです。

図版6–4　ミノア噴火の火山灰の分布域（白丸が噴出源のサントリーニ島）

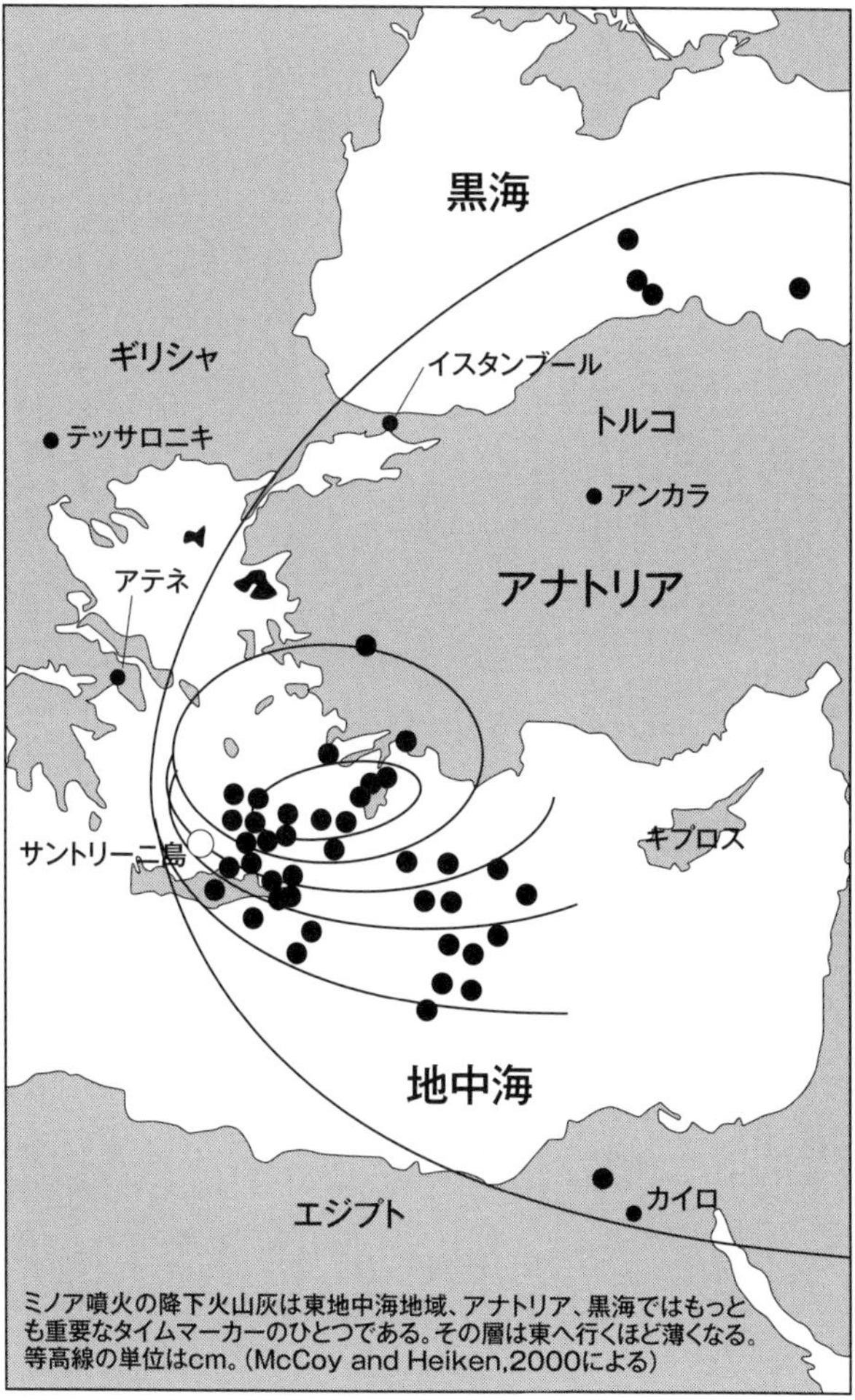

ミノア噴火の降下火山灰は東地中海地域、アナトリア、黒海ではもっとも重要なタイムマーカーのひとつである。その層は東へ行くほど薄くなる。等高線の単位はcm。(McCoy and Heiken,2000による)

フリードリヒ氏の図を参照、一部改変し作図

日本列島では、こうした大規模な火山噴火が七〇〇〇年に一度くらいの割合で発生しています。サントリーニ島の噴火も、これと同じような規模の巨大噴火でした。火山灰はギリシャやトルコだけでなく、遠くエジプトや黒海まで飛んでいきました（図版6―4）。こうして火山灰の分布を地図で見ると、いかに激しい噴火であったかがよくわかります。

「プレート・テクトニクス」で地球を見る

ここで地球の見方について、一つご紹介しましょう。世界地図に地震や火山の噴火が起きる場所に印を付けて見ると、太平洋をぐるりと囲む地域にたくさんの印が付いてきます。あるいは、海の中にポツポツと点のように連なる小さな島の上にも、地震や火山の印が付いています。たとえば、インドネシアやニュージーランドなどもそうです。地震と火山の起きる場所を眺めていると、これらが地域的に偏《かたよ》っていることがわかります。ここが大事なポイントです。

実は、地震や火山が地球のどこで発生するかは、地球上を覆う「プレート」が決めています。プレートはもともと英語で「板」という意味ですが、地球科学では岩石からできている厚い「岩板《がんばん》」のことをプレートと呼びます。東日本大震災のあと、テレビや新聞で太平洋プレートが北米プレートの下に沈み込む図をたくさん目にされたことと思います。

このプレートは、本来グニャリと曲がっているものではありません。畳のように平たくて固い岩板が、延々と二億年もの間、平らな状態で地球の表面を旅しているのです。

地球の表面はこうした岩の畳で隙間なく覆われています。和室の畳は動きませんが、地球上のプレートは絶えず動いているのです。地球にはこのようなプレートが一一枚ほどあります。

それらには「ユーラシアプレート」「フィリピン海プレート」「インド・オーストラリアプレート」などと、すべて名前が付いています（図版1—1、41ページ）。

人間は便宜上何に対しても名前を与え、特定したがるものです。そのためプレートもしっかり固有名詞が付けられていますが、細かい名前は無視してかまいません。まず、地震や噴火はこの畳の動きが鍵を握っているということに注目してください。何億年にもわたる畳の水平運動が、地表のダイナミックな活動の原動力となっているのです。

次に、その出発点であるプレートの故郷《ふるさと》の話をしましょう。最初にプレートが生まれるところは海の底です。そこは「海嶺《かいれい》」と呼ばれる場所ですが、海底に高さ三〇〇〇メートルにも及ぶ大きな山脈ができています。この巨大山脈は太平洋や大西洋の中央を何万キロメートルも連なっているので、「中央海嶺」と呼ばれています。

太平洋底の中央海嶺は、日本から見てハワイよりもずっと東、南北アメリカ大陸に近い海底にあります。ちょうど野球のボールの縫い目のように、太平洋の真ん中にスジが通っているのです。すべてプレートが誕生するところですが、中央海嶺はぐるりと地球を一周しています。

さて、海嶺で誕生したプレートは、しばらく水平に動いていきます。日本列島にやってくるプレートが生まれた場所は、東太平洋海膨《かいぼう》という場所です。基本的には海嶺と同じものですが、海嶺よりもやや広い地形が海底にあるので、海膨という名前が付けられています。東太平洋海膨で生まれた太平洋プレートは、右と左に、すなわち東と西に分かれて何億年という旅を始めます。

プレートのゴール、日本

二億年以上にも及ぶプレートの旅の終着点には、別のプレートがあります。日本列島の場合は四つのプレートが、互いにせめぎ合いをしています(図版序―1、23ページ参照)。ここで太平洋プレートは斜め三〇度くらいの角度で沈み込んでいくのです。これが「沈み込み帯」と呼ばれるところです。

沈み込み帯では海底が引っ張られて非常に深くなりますが、その一つが「日本海溝」です。沈み込み帯には地震や噴火の発生する地点が密集しています。

ちなみに太平洋プレートの西のゴールが日本列島ですが、東のゴールは北アメリカ大陸です。ゴールまで来ると最後に必ず別のプレートの下に沈み込んでいきます。ちょうどベルトコンベアーを上から見たような状態です。

このようにプレートは片方で生まれて、もう一方で消えていくのです。こうした考え方は地球科学で「プレート・テクトニクス」と呼ばれています。

このプレートが動く速さは、かなり速いものです。どれくらい速いかというと、一年に五～一〇センチメートルくらい、ツメが伸びるくらいの速さです。えっ？　そんなに速くないって？　いえいえ、地球科学的にはものすごく速い現象なのです。

我々は百万年、千万年という時間単位でものを考えます。ちなみに火山の寿命は一〇〇万年くらいですが、ハワイのオアフ島は五〇〇万年前にできた火山です。また、ヒマラヤ山脈をつくるために、四〇〇〇万年間ほどインド大陸がアジアを押してきました。

こういう長さで地域を見ていると、一〇〇年や一〇〇〇年に一回地震を起こすプレートの動きなど、地球科学的にはあっという間の出来事です。よって、地震や噴火を起こす「ツメが伸びるくらいの速さ」のプレートはすごく速い、と私には思えるのです。

ここで何十万年、何百万年がイメージしにくいときには、「年」を「円」にしてみると感覚的につかめます。たとえば、火山の寿命は一〇〇万円。オアフ島は五〇〇万円。ヒマラヤは四〇〇〇万円。

ほら、こうしてみると一〇〇円や一〇〇〇円の地震はごく小さな値でしょう。ついでに地球の誕生は四六億円で、宇宙の歴史は一三七億円です。すべて円に換算してみると、地球科学者の「長尺の目」が身近になるのではないかと思います。

地球科学的なものの考え方

さて、ここから少し地震や噴火の話を離れて、地球科学的な「ものの考え方」について考えてみたいと思います。

私たちは二つの意味で日常生活とは異なる視点を持っています。まず、時間的視点では地球四六億年を基準に考えています。このことを私は「時間的な長尺の目」と呼んでいます。こうした視座を持つと、小さなことに惑わされなくなり、くよくよしなくなります。

世の産業の多くは目先の業績に追いまくられ、わずか三か月の四半期で結果を出す仕事を要求されています。現実問題としては、三か月でそれなりの成果が見えない事業は切り捨てられるのが実情です。私はこうした資本主義そのものに異を唱える気はありません。

しかし、問題は仕事を離れて、自分の人生設計や人とのつながりを考えるときに生じます。ものの考え方や価値観を四半期という短いスパンの成果主義に毒されてしまった人が、街中にはたくさんいます。

彼らのプライベートな時間はどんどん削られ、せっかくの休日は死んだように眠るだけという人たちです。こうして人生の豊かさそのものを失っていく生き方の危うさに、どこかで気づいてほしい、と私は願うのです。

こうした思いから、私は「長尺の目」で人生のすべてを捉え直そうという書籍を何冊か刊行してきました。たとえば、『マグマという名の煩悩』（春秋社）は、現実社会の煩悩に翻弄される窮屈な人生を離れて、ゆるやかで視野の広い生き方を提案したエッセイです。地球科学的時間とゆとりを生活の中にぜひ取り入れていただきたい、と願って執筆したものです。

実際に東日本大震災やコロナ禍のステイホーム以降、自分の時間を大切にする若い人が増えてきました。家族や友人と過ごす時間、自分の趣味の時間、教養に当てる時間などが、以前よりも大事にされるようになってきたようです。このような流れは人生にとってとてもよいことではないか、と私は期待しています。

もう一つの大きな視点は、空間的な大きさです。地域や国といった小さな単位で見るのではなく、地球規模のスケールで判断していくのです。「空間的な長尺の目」と言ってもよいでしょう。このような時間的・空間的に大きな視座を、皆さんの普段の生活にも取り入れていただければ生き方が変わるのではないか、と考えているのです。

ところで、イタリア南部エトナ火山の調査に行ったときのことです。エトナ火山は日本の富士山と同じような円錐形の美しい形をしています。一〇年おきくらいに盛んにマグマを噴出する活火山で、一つの噴火口を何万回も使いながら成層《せいそう》火山を形成してきたのです。ちなみに鹿児島県の桜島火山は、最近一年間に千回近くも噴火をしています。

さて、エトナ火山から出てくるマグマは、富士山と同じ化学組成を持つ玄武岩《げんぶがん》質です。私は調査でエトナ火山に落ちている火山弾を集めていると、今、自分が富士山にいるのかエトナ火山にいるのか、わからなくなってくるのです。

といっても、わからなくなって不安になるのではなく、むしろ安心感が生じるのです。

振り返ってみると、後ろには黒々とした巨大な成層火山が聳《そび》えています。これには親しみと居心地のよささえ感じてしまいます。ちょうど旅先の宿で、我が家と同じ椅子が置かれていたときに感じるファミリアな安心感でしょうか。富士山が私にとって「マイ・マウンテン」であるように、エトナ火山もすぐにマイ・マウンテンとなってしまうのです。

つまり、地球科学を専門とするようになってから、私は日本とイタリアを「同じ地球の現象が表出した場所」として、両者とも身近に見るようになりました。こうなると、今度はユーラシア大陸とアメリカ大陸、また地球と金星、さらに太陽系が含まれている我々の銀河と隣の銀河、というように視座が空間的にみるみる拡大していったのです。

こうしたものの見方で世界や宇宙を認識することが、私にとっては「空間的な長尺の目」を持つことに他なりません。

しなやかに生きる

こうした思いに浸りながらイタリアの火山で一生懸命に研究調査をしたあとのことです。夕方になって山での仕事を終えて街に降りてくると、様相は一転します。エトナ火山の麓《ふもと》にあるカターニアの街は、陽気なイタリア人であふれかえっているのです。

私の大好きな光景ですが、人も文化も日本とはまったく違う世界がここに展開されています。先ほどエトナ火山をマイ・マウンテンと思った感覚とは正反対の、異国に踏み込んだ興奮がここでゆっくりとおとずれるのです。

店に入って好物のパニーニを注文しようとするとこんな具合です。パニーニとはイタリアのサンドイッチのようなものですが、こちらの好みに合わせてパニーニにはさむ具材を選ぶことができるのです。

生ハムやチーズ、野菜やオリーブオイルのフレーバーまで自分の好物を言えばよいのですが、イタリア語のできない私はここで立ち往生です。そこで身振り手振りを使って、私の好きな食材を体全体で伝えるのです。イタリアの田舎では英語もまったく通じないので、数を伝えるときには指を一〇本フル稼働します。

これはこれで実に楽しい経験なのです。活火山を見つめる科学者としての私は、丸ごと地球を見つめる大きな視点で考えます。ところがパニーニを注文する私は、四苦八苦しながらおいしそうな地元産の生ハムを選んでいるのです。イタリアの本場ファッションに合わせる革靴を選んだときも、まったく同じ有りさまでした。

火山学者はイタリアに行ってもフィリピンに行ってもアメリカに行っても、活火山さえあればどこでも楽しむことができます。しかも、こうした火山に加えて、それぞれの土地には、異なる歴史文化と伝統とおいしい食べ物と豊かな色どりの服もあるのです。私は世界中の活火山を「空間的な長尺の目」で等しく身近なものとして捉え、かつ地域の多様性を愛でる時間を異国の研究調査の中で大切にしてきました。これが私流の科学者としてのスタイルなのではないか、と考えています。

私は本書で、時間的にも空間的にも大きな長尺の視点を持つ生き方の提案を、皆さんにしたいと思います。日本列島では今後も引き続き天変地異が押し寄せてきます。大地変動の時代はすでに始まってしまいました。

しかし、それを怖いものとしてただ怯えるのではなく、長い目で興味深い歴史と地理と自然の数々を発見していくような視座を持っていただきたいと思うのです。それこそが、我々日本人が祖先から受け継いだ「しなやかな生き方」なのではないでしょうか。

第七章　科学にできること、自分にしかできないこと

【対談―七】鎌田浩毅×室井滋

「何が正しいか見えにくい今、自分自身の直観を信じたいのですが」

鎌田　以前、野田秀樹さんのお芝居『南へ』を観たことがあります。彼は演出家、劇作家、役者と大活躍ですが、実は僕と野田さんは高校（筑波大学附属駒場）と大学の同級生なんです。この『南へ』は火山観測所が舞台の劇なのですが、彼から「今度、火山の話をやるからレクチャーして」と頼まれました。こうしてできた舞台だったんです。

室井　野田さんの舞台、素敵ですね。確か、舞台上演中に新燃岳《しんもえだけ》が噴火したでしょ。何か「シンクロする」ということはありませんか？

鎌田　シンクロニシティ（意味ある偶然の一致）のことですね。僕は大学の講義で必ず話すんですが、人間には「意識」と「無意識」があると。意識は氷山の上だけで、その下に膨大な無意識がある。実は、人間を動かしているのは九割を占める無意識であり、これがシンクロニシティを起こす、と言われているのですね。

室井　なるほど。

鎌田　たとえば、室井さんの仕事のスケジュールを決めているのは、事務所の社長さんのように見えて、本当は仕事が来るかどうかを動かしているのは、室井さんの無意識なんです。この無意識が世界とシンクロナイズすると、室井さんに仕事が舞い込んでくる。

室井　そうなんですか！

鎌田　これは二〇世紀の初頭にフロイト、ユング、アドラーという心理学者が発見した無意識の行う重要な働きです。特に、ユングはシンクロニシティについて深い洞察をしていますね。

こうした構造は、地球にもあるんです。我々人間は何でも自力でやれるように思っているけれど、実は太陽のエネルギーにすべての源がある。そのエネルギーを地球が受けて、マントルの対流やプレート運動がシンクロナイズして始まった。三八億年前からは、生命も誕生しました。こうしたエネルギーの「流れ」の中で、我々は「生かされて」いるわけですね。

室井　うん。生かされていると思います。

鎌田　そもそも地球上にはエネルギー、気、オーラ、何と言ってもいいんですが、そうした大きな「流れ」があって、それを受けてすべてが循環している。学生たちが勉強したり、就職できるのも、こうした「流れ」につながっていると捉えたほうがいい、と授業で言うんです。だから、地球の「流れ」とうまくシンクロナイズすると、勉強も仕事も恋愛もうまくいく、と話すのです。

室井　先生はお衣裳も派手だし、講義も楽しそう。学生たちに超人気ですってね。

鎌田　いえ、好き勝手に楽しくしゃべっているだけですが（笑）。

そこで学生たちには、九割の無意識が人生を決めているのだから、あんまり意識でごちゃごちゃ考えなさんな、と話す。それより、自分の感性や直観に従って、「流れ」に身を任せてみなさい。自分の直観は意識よりも無意識にずっと近いのです、と。この講義で「地球の流れ」を学んで直観が鋭くなると、結果的に一番いい人生が送れますよ、とも言うんです。

室井　確かに「今日これがあるから明日こうなる」というような「流れ」ってすごくあるように思えます。私は仕事が多い年と少ない年の差が大きいんです。ぱたっと来なくなったり、急に山のように来たり。そして、やりたいと思う仕事がいつも来るとは限らないし、やりたくない仕事もやらなくてはならない状況に陥るときもある。でも、そういう「流れ」

が結果的に、とてもよかったりするんですね。

鎌田　よくわかります。

室井　ですから「すべてのことは自分で選んでいるようで、選んでいない」って思います。本当は自分が何か大きなものに動かされているような感じですね。一見、気に入らないことでも、しなくてはいけないようになっているのかな、と思うんです。いつしかそんなふうに、自然と受け入れられるようになりました。

鎌田　それがよい結果を生むんですよね。野田さんも演出家で脚本家で俳優もやるという、すごい身体性の人です。体で勝負する人は、こうした「流れ」を上手に生かさないといけない。だから役者をやっている人が一番「地球」に近いかもしれないな、と思いますね。

室井　そうそう、こんな思い出があります。私、昔、人間ドックで軽い鼻づまりがあると診断されて、抗生物質を一か月分出されたんです。でも、結局飲まなかった。抗生物質って強いでしょ？

悪い菌も殺すけどよい菌にも影響ある気がして、飲めなかったんです。

鎌田　その直観はとても大事ですね。それが生命力の証《あかし》なのです。室井さんの体に三八億年間続いてきた生命の指示があったと思うんです。そもそも自分の中には、病気を自分で治す力がある。いろいろ未来を予知する力もある。

室井　まだ軽症だったせいか、結局、毎日お風呂でお湯に浸かりながら鼻マッサージしてたら治っちゃいました（笑）。自分で温熱療法をやってたわけです。

鎌田　僕は昔、サプリメントをいっぱい飲んでたんです。でも二五年くらい前に一切やめた。地球上の生物でサプリメント飲んでいるのは人間だけだ、何かおかしい、と気がついたんです。犬や猿のように、普通に果物や野菜をとっていればいいのではないか、とも。それでサプリメントを一種類ずつやめて、胃薬やめて、頭痛薬もやめて。今はまったく薬を飲まないし、医者にも行かなくなりました。

室井　まあ、そうなんですか？

鎌田　そう。三八億年の生命力に関心を寄せて、まさに内部の力で生きていかないとダメだ、と思ったんです。そっちに気を向けていたら、すごく健康になりました。これは地球科学を研究したおかげだと思っています（笑）。

室井　私のサプリメントとのつきあい方は、ひどく疲れたときや忙しくて体力に自信が持てないときに飲む感じですね。そもそも食いしん坊で毎日三〇品目以上食べているので、さほどお世話にならずに済んでます。普段飲まないものだから、すごく効きますよ。

鎌田　そうでしょうね。そうした飲み方ならいい。

室井　だから、自分の老後が全然怖くないな、と思えるんです。これまでサプリ系に依存してこなかったから、もし年をとって少し調子が悪くなってきたら、一つ試し二つ試したりしてみようかと。合うものがあれば助けを借りればいい、とすごくユルく考えて楽しみにしています（笑）。

薬も絶対飲まない、医者も行かない、とは思っていません。でも選ぶのは自分だと思ってます。キチンと調べてよいと思われる薬は飲めばいいし、体に合わなければやめる。ただしアイテムは一応知っておいて、と。

鎌田　このあたりの「ユルさ」がすごくいい（笑）。固定観念に縛られないんですね。

室井　自分の体調にあまり過剰反応することもよくないんでしょうね。

鎌田　そうです。過剰に反応すると、かえって免疫力が下がってしまいます。

室井　選択肢がたくさんあって何が正しいのか、わからない時代ですから、私も一生懸命勉強しますけれど。でもなるべく自分の直観を信じようと思っています。

鎌田　賛成ですね。中国の古典で言えば「中庸《ちゅうよう》」。右でも左でもなく、真ん中くらいがちょうどよい。中間といっても、生命の本質は外していない。その本質は、人間がもともと持っている生命の直観でつかむものだと僕は考えています。
直観的に自分がいいなと思ったものは、必ずいい。おかしいなと思ったらおかしい。こういう感性をたえず磨いて、活き活きと生きることが大切だと思います。
その生き方は室井さんの女優というお仕事とも関係するでしょうし、富山という故郷を根に持つこととも関連するでしょうね。
室井 私、故郷が大好きなんです。
鎌田 僕らは日本列島という「火の山」の上に住んでいるのです。火の山に住んでいて大事なことが二つあります。一つは直観や第六感を信じること。もう一つは地球科学の知識を持つこと。室井さんは前者をちゃんとお持ちですね。
今回お話をしていて思ったんですが、室井さんの生き方がそもそも地球科学的なんです。「地球人ムロイシゲル」ですね！　日本人の前に地球人である、それが大事なんです。
室井 あはは、褒《ほ》められちゃった。
鎌田 僕らは地球科学という学問をやっていますが、その奥にある原動力は地球のエネルギーなんです。地球のエネルギーがマグマを噴出し、地震を起こし、台風を起こす。一方で、海では生命が誕生し、それが三八億年もつながって我々に至った。こういうことを研究すると「地球の声」が生で聴けるのですね。

そして、人の身体という優れた生命体を使って地球の声を伝えるのが、役者さんだと僕は思います。カナダの社会学者マクルーハンの言葉に、「芸術は未来を予見する」というのがあります。地球の未来を予見するメッセージを発する一つの優れた形態が、芝居なんでしょうね。

古代ギリシャ人は野外劇場にかがり火を焚《た》きながら、自然と神と人間のドラマを演じてきた。野田秀樹さんもそうしたメッセージを劇の中で熱く発していました。僕はこれから地球科学研究の中に、地球の声を聴く身体性を取り入れていきたいと考えています。

ですから室井さんにもいつか、「地球や火山と交感するお芝居」をしていただきたいですね。

室井　はい、頑張ります！

【本論】科学を知り、活用する

科学信仰の危険

科学の限界について、第一章で紹介した中谷宇吉郎《なかやうきちろう》博士に再び登場してもらいましょう。一九〇〇年に生まれた彼は、東京帝国大学理学部で寺田寅彦《てらだとらひこ》（一八七八～一九三五）から物理学の指導を受けました。寺田教授は、夏目漱石《なつめそうせき》（一八六七～一九一六）の代表作『吾輩は猫である』に登場する科学者水島寒月のモデルになった人です。

彼はのちに低温物理学の研究者となり、雪や氷の結晶に関する世界的な業績を残しました。低温物理学というとちょっと難しそうですが、零度以下の低温室の部屋に置かれた顕微鏡で雪や氷を覗いて見るのです。これは私のような部外者が見ても、とてもきれいで感動します。

中谷博士は優れたエッセイを数多く著した、いわば「文理両道」の才人です。その中には私のお気に入りの一冊『科学の方法』（岩波新書）があります。一流の物理学者が科学の限界についてもわかりやすく解説した名著ですが、彼は人々が無批判に科学を受け入れることに対して警鐘を鳴らします。

科学とは「自然現象の中から、科学が取り扱い得る面だけを抜き出して、その面に当てはめるべき学問」であると彼は説きます。そして「科学の内容をよく知らない人の方が、かえって科学の力を過大評価する傾向にあるが、それは科学の限界がよくわかっていないからである」と諭すのです。

科学で自然のすべてを解明できると思ったら、大間違いです。このことは私たち科学者からすればとても当たり前のことです。しかし、一般の方々はそうは思ってくれません。中谷博士が書いているように、「信仰」と言ってもよいような科学への過剰な期待があるからです。その一方で、むやみに科学を嫌ったりする人も少なからず存在します。

たとえば、「科学は将来の快適な生活を保証する」、あるいは「将来に必ず禍根《かこん》を残す」、という正反対の見方がしばしば見受けられますが、いずれも極端すぎます。こうした「誤解」に科学はいつも取り巻かれているのです。

「解ける問題」と「解けない問題」を仕分ける

では、科学は人間が未来を生き抜く上で、どのように役立つのでしょうか。科学者は人類が得た知識を総動員して「解ける問題」を探し、ここに自らの時間とエネルギーと資金を注入して、未来を予測してきました。つまり、科学者は知力を絞って「解ける問題」と「解けない問題」を分けてきたのです。

逆に言うと、「解けない問題」については、科学者は解こうとしません。科学者はみな「解ける問題」と「解けない問題」を最初に峻別《しゅんべつ》しようとします。では、いったい解ける問題とは何でしょう。

地質学には「過去は未来を解く鍵」という考え方があることを述べました。過去に起きた事象をくわしく調べることによって、未来に起きる可能性のある現象を予測できるからです。実は、このような事象は、「解ける問題」の線上にあるものです。

たとえば、プレートの沈み込みによって、どんな力が地面にかかったのか。また力の解放によって、どんなひずみが新たに発生したのか。それらは地球の重力や物質の移動とどんな関係があるのか。こうしたことをモデル化し、また数値化したあとに、地球上の他のすべての現象に当てはまるかどうかを我々はくわしく検証します。

科学のルールに従って計算すれば、世界中の誰もが同じ結果が得られる。そのときに科学は初めて「地球の未来はどうなるか」をきちんと予測することが可能となるのです。

おびただしい事実の蓄積である過去を精査すればするほど、未来の予測はより確実なものとなっていきます。解ける問題は、本当はたくさんあります。こうした解ける問題を着実に解くという姿勢が、予測困難な未来に対処する上ではとても重要なのです。

万が一か、九九九九の可能性か

未来を予測する上で一番難しい問題の一つは、子育てでしょう。親が子どもの健やかな成長を願うのはごく当たり前のことです。私にも息子がいますが、我が子にとって何が最善かを小さい頃から模索しながら、子育てをしてきました。育児に関する本をたくさん読んだり、経験豊富な人から話を聞いて学んできたのです。

その中には科学的な教育に関する本も数多くありました。しかし、いくら勉強しても、子育ては大変難しいものです。というのは、子育てにおいては毎日が新しいこととの格闘だからです。年齢が三〇歳の父親であろうとも、子どもが一歳ならば親も経験年齢は一歳です。子どもが五歳になると、親としても五歳に成長します。これは古今東西変わらぬ事実なのです。

時には、この方法がよい、あの方法もよいと迷います。世に氾濫する情報をもとに全力で育てるあまり、いつの間にか、その方法はダメだ、これも危ない、あれもさせてはいけない、という負の情報も次第に蓄積していきます。

講演会などで私もよく子育ての相談を受けるのですが、こういう話をたくさん聞きます。「ブランコから落ちると頭を打つ事故につながるので遊ばせない」「ナイフを使うと手を切るから持たせない」「火遊びをするからマッチやライターは触らせない」「無駄遣いをするのでお金は持たせない。おもちゃとお菓子は親が与えればよい」「学校の登下校は誘拐や通り魔の危険があるから必ず迎えに行く」など、きりがありません。

しかし、万が一という不安のもとに、「あれはダメ、これもダメ」と子どもの行動を規制してしまったらどうなるでしょうか。こうして育てられた子どもが大人になったらどうなるかを、ちょっと想像していただきたいと思います。

人は知識が増え、すべてを知識で考え始めると、それにとらわれ、がんじがらめになることがあります。知識は所詮よそからもらったものですから、やがては自分の中に不安が生じます。不安に振り回されたあげく、自分のみならず他人の行動まで抑え込むようになるのです。

私はこうした不安の呪縛にとらわれそうになったとき、「万が一をとるか？　九九九九の可能性をとるか？」と自分に問いかけます。万が一の不安にかられて、九九九九もある未来の可能性を捨てるのは、いかにも馬鹿げています。よって私は、迷わず九九九九の可能性をとるようにしています。

九九九九の可能性を選ぶ勇気

万が一地震が来たら怖いから、どこそこへは行かない。万が一噴火が来たら怖いから、これこれは諦《あきら》める。こう自分に言いきかせて、せっかくの楽しい出来事や経験や勝負を放棄してしまう人がたくさんいます。これでは人生楽しくありません。

台風の合間を縫って目的地へたどり着いてみたら、そこにはどんな発見があるかもわかりません。期待もしていなかった素敵《すてき》な出会いが、自分の人生を大きく変えてしまうかもしれないのです。一か八かの勝負に勝って、思わぬ財産が築けるかもしれません。

元来、人間は好奇心と興味が行動力の源です。その興味が文化や科学を発展させてきたのです。ワクワクするような未知の世界に触れることは、人間を成長させるものであり、寝食を忘れて体験したいと私は思うのです。

当然失敗もあるでしょうが、それは次を成功へ導く原動力であり、ここにこそ知恵の使いどころがあるのです。もし失敗しても、その失敗の原因を考え、同じ失敗は二度としないようにする。しかし、失敗を恐れて殻に閉じこもることはせず、常に新しい世界への扉を開けるための行動を果敢にとる。

ワクワクするようなワンダーな可能性を秘めた九九九九の可能性を、私は見過ごすことはできないのです。「万が一……」という言葉が頭の中をよぎったときには、「九九九九の可能性」を同時に思い浮かべるようにすれば、豊かな人生を送るための切符を手に入れられる、と私は信じているのです。

では、「万に一つ」とは一体どういうことを言うのでしょうか。たとえば地震学では統計学的計算に基づいて地震が起きる確率を算出します。この予測に基づいて、津波を防ぐ堤防が築かれ、避難経路が決められます。水や食糧が備蓄され、過去の教訓もふまえたさまざまな対策がとられます。

東日本大震災でも、避難訓練を行っていた人々の多くが助かっています。岩手県釜石市のように、避難が成功しほとんど犠牲者を出さずに済んだ学校もありました。また、崩れてしまったとはいえ、世界有数の防波堤があったからこそ、津波の第一波をある程度抑えることができました。そこで稼いだ時間差のおかげで救われた方も、たくさんいるのです。もし防波堤がなかったら、もっと多くの人が命をなくしていたことでしょう。

しかし、防災の努力によって、一万人のうち九九九九人の命が救われたとしても、命を落とした残り一人にとって、科学は何の役にも立たなかったことになります。万が一は、やはり厳然と存在するのです。そのような現実について、中谷博士は『科学の方法』（岩波新書）の中でこう述べます。

《科学は、洪水ならば洪水全体の問題を取り上げ、それに対して、どういう対策を立てるべきかということには大いに役に立つ。すなわち、多数の例について全般的に見る場合には、科学は非常に強力なものである。

しかし、全体の中の個の問題、あるいは予期されないことがただ一度起きたというような場合には、案外役に立たない》

彼は統計の世界で「全体と個」がどう扱われるかに着目します。そして自然科学は全体の傾向を指し示すものであり、個々の事象をすべて予測できるものではないことを説きます。

科学は多くの人たちが期待するように万能ではありません。

《しかし、それは仕方がないのであって、科学というものは、本来そういう性質の学問なのである。（中略）ちっとも科学を卑下《ひげ》する必要はない。科学というものには、本来限界があって、広い意味での再現可能の現象を、自然界から抜き出して、それを統計的に究明していく。そういう性質の学問なのである》（『科学の方法』岩波新書）より

ここで、科学が生み出した素晴らしい成果をいくつか見てみます。第三章で解説した緊急地震速報も、日本が世界に誇れる最先端技術の一つです。同じように防潮堤も防波堤も数多くの命を救ってきました。これらは中谷博士の言う「解ける問題」に着実に取り組み、見事な成果を挙げた例です。もう少し地震防災に関する科学技術の話をしてみましょう。

防波堤という科学の力

岩手県宮古市の田老《たろう》地区には、コンクリートでできた頑丈な防潮堤がありました。これは高さ一〇メートル、総延長は二四〇〇メートルにも及び、人工衛星から確認可能な建造物の一つとして、地元の人たちから「万里の長城」と親しみを込めて呼ばれていました。

ところが、東日本大震災の巨大津波は、この壮大な防潮堤をいとも容易に乗り越え、無残に破壊してしまいました。津波というものは思ったよりもはるかに強い力があるのです。たとえば、高さが一メートル程度の津波でも、時速五〇キロで走る車が追突してくるほどの衝撃力があります。東日本大震災では、これに加えて津波に押し流された漂流物によって破壊力が増加したのです。

また、釜石市の湾口には、最大水深六三メートルに及ぶ防波堤がありました。これも巨大津波で破壊されてしまいましたが、しかし、壊れる途中で津波を減衰させるという役割を果たしました。計算してみると、襲ってくる津波の高さを最大六メートルも低くしたのです（図版7―1）。

このことは、住民が避難するための時間を、わずか六分間ではありましたが稼いだこと

図版7−1　釜石市の湾口防波堤が津波を低減した様子

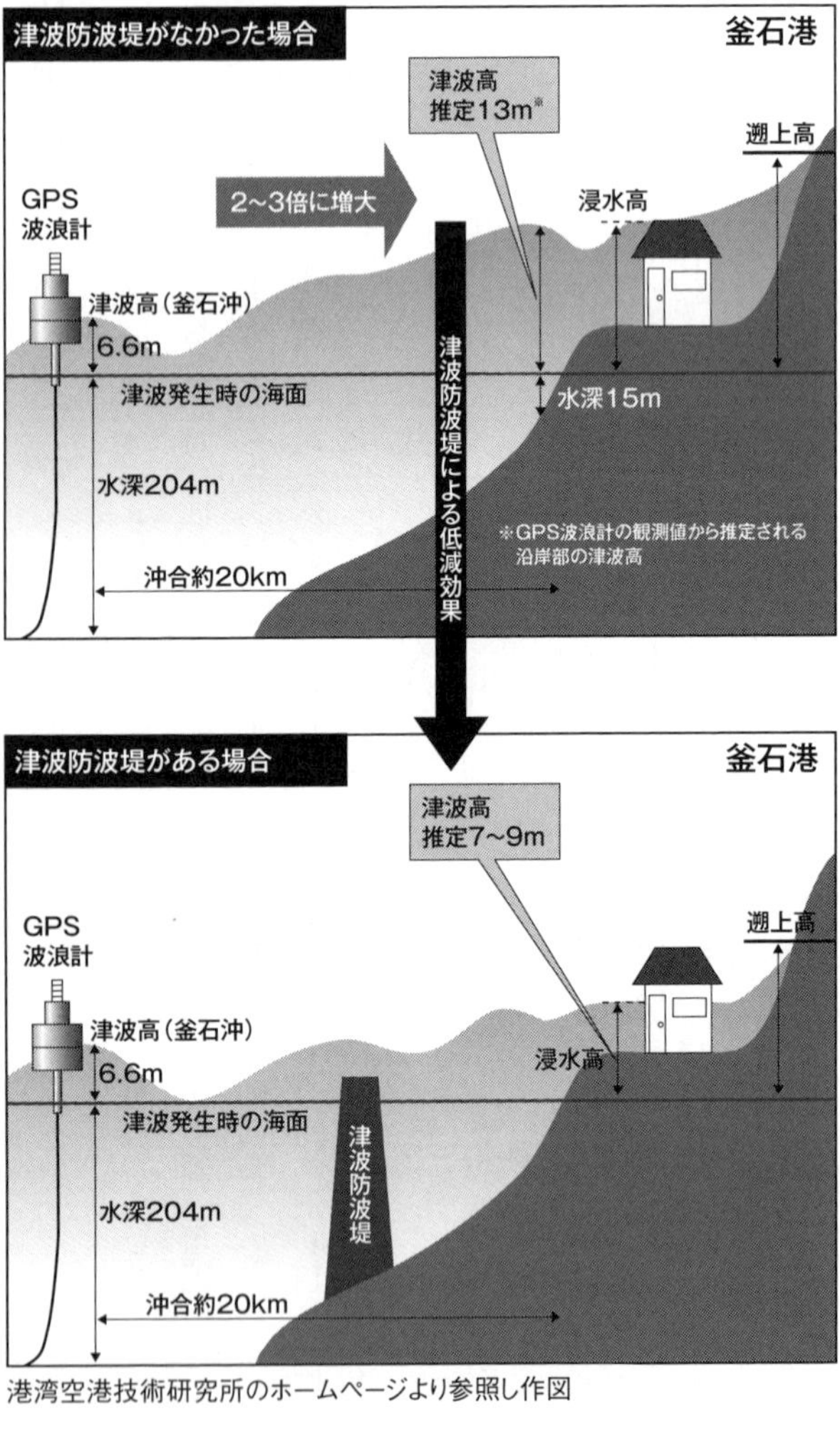

港湾空港技術研究所のホームページより参照し作図

になります。すなわち、壊れてしまった防波堤でも、犠牲者を半分に減らすことに寄与したのです。

もしこの防波堤が建設されていなければ、湾内の漁村や集落だけでなく市街の大部分が壊滅し、もっと大きな被害が生じたでしょう。このように防潮堤や防波堤がきちんと「減災」の役目を担った例は、他にもいくつもあります。これらは「科学の力」として見直していくべきことではないかと私は考えています。

耐震構造とは

阪神・淡路大震災のあと、建物の「耐震構造」や「免震構造」という言葉が新聞や雑誌に載るようになりました。これらも科学によって可能な「予測と制御」の領域の話です。「耐震」とは建物の強さを増して地震の揺れに耐えることをいいます。大きな揺れを受けたとき、もし建物が弱ければ、もろくも崩れてしまいます。

たとえば、古い時代に建てられた建造物、増築を重ねて継ぎ足された建物などは壊れやすいものです。また、壁や筋交いの少ない建物も地震には弱いのです。一般には、壁がたくさんある建物は揺れに対して強い傾向があります。

建造物が壊れるかどうかは、地盤と建物の両方の状態によります。軟弱な地盤の上に堅固な建物が立っていると、大きな揺れを受けても建物はさほど変形せず、地盤のみが変形する。いわば軟らかい豆腐の上に硬い箸《はし》置きが乗っているようなものです。

日本列島には至るところに軟弱な地盤がありますから、こうして建物が変形しないようにして被害を減らすというのが「耐震」の発想です。

建物は地震と〝共振〟すると危険が高まる

地震の揺れは同じでも、建物が持っている揺れに対する性質によって、受けた揺れが増幅されたりします。これは建物が「共振」することによって生じる現象ですが、同じ建物でも一階にいるのか一〇階か三〇階かで、感じる揺れはまったく異なります。

共振とは、簡単に言うと、建物と地震波の相性《あいしょう》の問題です。これらのタイミングがぴったり合うと、小さな揺れでも建物はブランコのように大きく揺れ出し、ひどい場合に倒壊に至ります。

「共振」という物理現象は、うちわで体をあおぐときに私たちが体験しているものです。暑い夏に私たちはちょうどよい速さでうちわを動かします。このときに、うちわの周りに

図版7－2　固有周期と共振

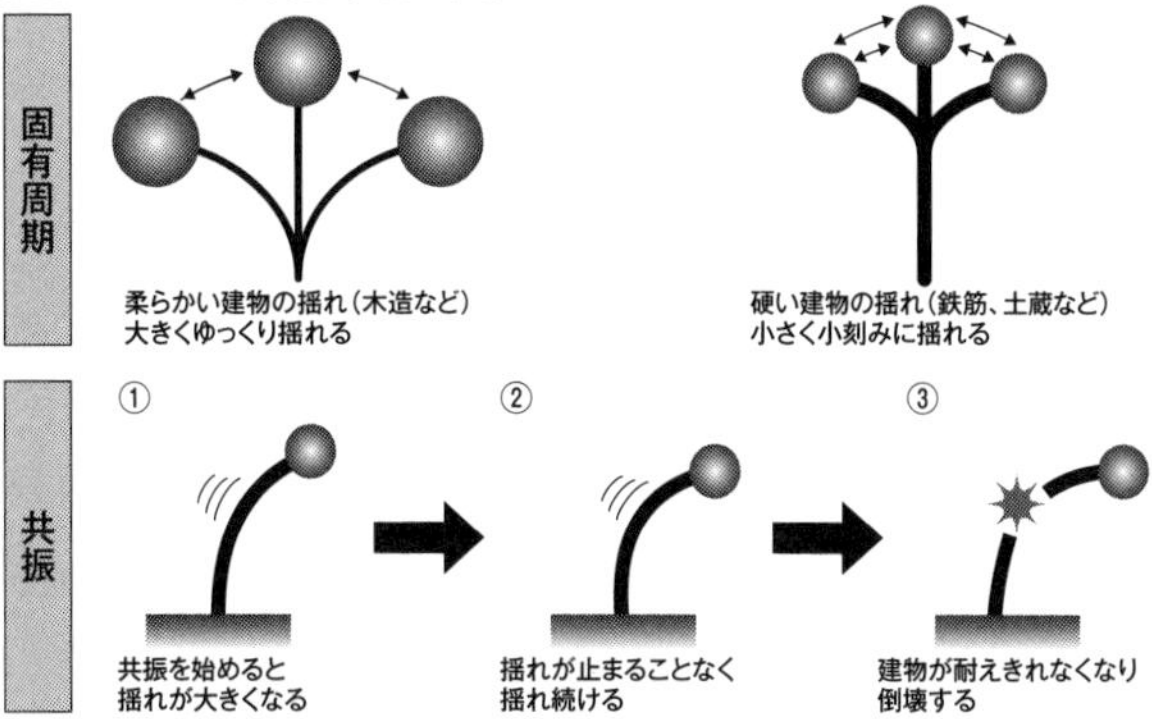
固有周期
柔らかい建物の揺れ（木造など）
大きくゆっくり揺れる
硬い建物の揺れ（鉄筋、土蔵など）
小さく小刻みに揺れる
共振
①
②
③
共振を始めると
揺れが大きくなる
揺れが止まることなく
揺れ続ける
建物が耐えきれなくなり
倒壊する

『地震のすべてがわかる本』（成美堂出版）を参照、一部改変し作図

ある空気が、共振によって体まで届くようにあおいでいるのです。つまり、うちわと共振する周期で手を動かしているのですが、これより速く動かしても遅く動かしても、風をうまく送ることができないのです。

うちわの共振は風を効率よく発生させるために使われます。建物の共振は地震の揺れに対して効率よく反応するという意味では、科学的には同じ現象です。よって、建物の共振をなくすための制御を工夫しようとするわけです。

最初に、揺れに共振する建物の個性を具体的に調べていきます。まず、建物に固有の揺れやすい周期、すなわち「固有周期」を明らかにします（図版7―2）。

一般に、固有周期は、建物の高さとほぼ比例するものです。具体的には、建物の階数に〇・一秒をかけた数字（周波数）が、固有周期の目安になります。たとえば、一〇階建てでは、一秒が固有周期となるので、周波数一秒の揺れがやってきたら一番よく揺れるというわけです。

東日本大震災では、東北から関東までを震度6弱以上の強い揺れが襲いました。全壊した建物数は七六〇〇棟ほどだったのですが、これは被害想定していた数の三分の一程度でした。すなわち、津波の被害を除けば地震動による実際の被害はそれほど大きくなかったのです。

その理由については、木造家屋を倒壊させる一～二秒周期の地震が少なかったから、と分析されています。確かに、阪神・淡路大震災ではこの周期の地震がとても多かったため、建物被害が非常に多くなったのです。

さて、遠くの海底で東日本大震災のような巨大地震が起きると、「長周期」の地震波が陸地に到達します。

街中にある数階建ての建造物の固有周期はたいてい一秒以下ですが、首都圏など大都市にある高さ一〇〇メートル以上の高層建築物の固有周期は数秒以上になります。先ほどの計算では五〇階建ての固有周期は五秒です。したがって、遠くからやってくる長周期のユラユラした地震に対して、特異的に反応するというわけです。

実際に東日本大震災では、周期二秒以上のゆっくりとした揺れが遠方で予想外の被害をもたらしました。たとえば、震源から七〇〇キロメートル以上も離れた大阪市住之江区の大阪府咲洲《さきしま》庁舎でもエレベータと内装材に被害が出ました。

ここは震度3しかありませんでしたが、五五階建てのビルが長周期の地震に共振したのです。一〇分もの間ユラユラと揺れ続け、最上階は二・七メートルも横に揺れました。

一方、最大で震度5強の揺れを観測した都心では、超高層ビルがしなるように大きく揺れました。家具が六〇センチメートルも動いたり転倒したりしたのですが、高い階ほどこうした被害が出やすいこともわかりました。

被害状況を具体的に見てみると、一階と二階では全体の二割で被害が起きたのに対し、一一階以上の階では五割に上っています。今想定されている東海地震に対してもまったく同様で、首都圏の超高層ビルは東日本大震災以上の被害が出る可能性が高いのです。

今回、一定の高さ以上で被害が出やすいという傾向もわかったことから、首都圏で一〇階以上に住むことはあまり安全ではない、と私は考えています。

さらに、長周期の地震は、大都市圏の海岸沿いにある石油タンクに大きな被害をもたらすことがあります。中身の液体の揺れと地震波が共振して、思わぬ大きな揺れが発生するからです。

これらのタンクの蓋《ふた》(浮き屋根)は、実は落とし蓋のように液体の石油の上に乗せられているだけで、茶筒のように固定された蓋ではありません。このタンクの蓋をしている大きな板が側壁にこすられて摩擦熱を発し、石油に引火します。

こうした現象は「スロッシング」と呼ばれますが、石油タンクの火災といった重大事故の原因となります。二〇〇三年の十勝沖《とかちおき》地震では、北海道苫小牧《とまこまい》市で石油タンクの浮き屋根が三メートルも上下し、石油に引火しました。スロッシングは足もとでの震度は大きくなくても、厳重な注意が必要な例の一つなのです。

免震構造とは

地震の揺れに対する感度は、建物の立っている地盤にも関係します。地盤に対しても揺れやすい周期があり、「卓越周期」と呼ばれています。一般に地下では地盤は深いところほど硬く、また浅いほど軟らかいという性質があります。たとえば、表層近くにある地盤が軟らかくて厚いと、長周期の地震に対して反応しやすくなります。

一般に、硬い岩盤などの上では卓越周期は一秒以下になることが多いのですが、関東平野、濃尾《のうび》平野、大阪平野などでは軟らかい地盤が数キロメートルも続いている場所があります。こういう地域では卓越周期が数秒以上となり、長周期のユラユラした地震に備えた対策が重要となってきます。

ここで耐震構造と同じく、マスコミにしばしば登場する「免震構造」についてくわしく述べておきましょう。免震構造とは、地盤が大きく揺れても上にある建物はそれほど揺れないという仕組みのことです。これを子どもが手に持つ風船の例で説明してみましょう。

遊園地でうれしそうに持っている、ヘリウムで空に浮かせるあの風船です。

今、風船の糸を手で握っているとします。ここで糸を左右にこきざみに動かしても、風船は動きません。しかし、手をゆっくりと移動させていくと、風船も横に動いていきます。

これと同様に、地面がこきざみに揺れても上の建物が風船のように動かないようにするのが、免震構造の考え方なのです。具体的には、建物の底部にゴムを積み重ねた「積層ゴム」と揺れを抑える「ダンパー」を設置します。いわば揺れを上部に届きにくくする座布団を建物の下に敷くわけです。

政府の地震調査研究推進本部が発表した今後三〇年間に震度6弱以上の揺れに見舞われ

る可能性がある地域を示したデータがあります。地震防災に関する基礎データのほとんどは、インターネットで公表されています。こうした情報を利用して、身近な場所での対策をぜひ早急に立てていただきたいと思います。

第八章　地球や自然とどうつきあうか

【対談－八】鎌田浩毅×室井滋

「大震災が起きそうな今、どんな考え方が必要でしょうか？」

室井　大震災や火山の噴火など、いつ起こってもおかしくない今、私たち日本人はどのようなことを考えるべきでしょうか？

鎌田　まず言えることは、電気を大量に使う冷暖房、エネルギーを大量に使った食べ物といった「文化装置」を少しずつ減らそうということです。実は、すべての人間の活動はエネルギーに換算できるんですね。お金も何もかも。

室井　どういうことですか？

鎌田　私たちが暑さ・寒さをしのげるのは、電気というエネルギーを使うからです。電車やエレベータも電気で動く。食材も「アフリカ沖のマグロ」は大きなエネルギーを使って漁獲し運搬されてきますね。「水の中で育てていつでも食べられる甘いトマト」も、膨大なエネルギーを使っている。

快適で便利なものをすべてエネルギー換算してみると、私たちの文明生活はものすごくエネルギーを使って成り立っていることに気づきます。そして、こうした暮らしが破綻しつつあることを、「3・11」や今日のコロナ禍《か》は教えてくれたのです。ですから、エネルギーをそれほど使わない生活に戻そうよ、とまず主張したいのです。

ここで僕の広めたい標語があります。「ストックからフローへ」。ストックとはもともと経済学の用語ですが、石油などの化石燃料ですね。石油やウランを備蓄することがストック。そのストックを際限なく燃やして生活するのではなく、歩いて二〇分の距離なら歩こうじゃないか、ということです。

室井　いざ巨大地震が起こってみて、節電生活になり、さらにこれからもまだまだ地震が起こるとなると、本当に私たちは生活を変えないといけないと思いました。ですから先生のおっしゃる「ストックからフローへ」の考え方が腑《ふ》に落ちる人は多いと思います。

鎌田　僕はエネルギー問題の先には、現代文明の持つ根本的な問題があると思います。二〇世紀の後半から「楽に、快適に、速く」ということで現在まで突っ走ってきたのですが、度がすぎてひずみが至るところで生じてきました。実は、「楽に快適に」を少し減らしたほうが、ずっと人間らしい生活があるのではないか、ということを我々に気づかせたのが、

「3・11」なのです。

ここでは、「今できるところからやる」という仕方が大事です。「一かゼロか」といった短絡的な判断で、「楽に快適に」してきたことを全部やめるのは無理です。一度上がってしまった生活を下げるのは非常に大変。ですから、クーラーをすべて取り外してしまうのではなく、「冷房の二二℃設定を二八℃に」というところから始めるのです。少し文化装置を減らしてみると、実はそのほうがすごく「快適」だということがわかると思います。

室井　電子レンジやドライヤーなんかなくても、本当は暮らせるんですもんね。でもそうしていくと、日本の経済が落ち込む、という考えもあると思いますが。

鎌田　そうですね。落ち込むところと、上がるところがあると思います。たとえば、少し前に大きな問題になった東日本と西日本の周波数（ヘルツ）の違い。このせいで、西から東へ電力を送るときは一〇〇〇万キロワットしか送れない、という制限があります。

それに変換機をつけて一〇〇〇万キロワットまで上げる、という話もありましたが、僕はこのさい周波数を統一すればいいのでは、と思うのです。そうすると日本全国どこでも同じ電器が使えるようになり、さらに省エネの新型電器の買い替え需要も生まれる。

室井　なるほど。もっと先を見て大きな柱を立てるべきなんですね。

鎌田　一九二三年（大正十二年）に起きた関東大震災のときに、東京市長だった後藤新平（一八五七〜一九二九）は、帝都の大改造プランを立てた。全部は実行できませんでしたが、そのときに主要道路が拡幅され、防災を考慮した都市に変わった。彼はヨーロッパの都市政策も学んでいて、国家一〇〇年の計をもって復興を果たしたと言われています。

今こそ僕は一〇〇年後を見据えたビジョンで物事をやるべきだと思いますね。たとえば災害の復旧というと同じところに同じものを建ててしまいますが、未来へ向けてもう一歩踏み出したいと思います。

室井　たとえばの話ですが、首都を東京からよそへ変えるべきでしょうか？

鎌田　いいえ。首都を移転するのではなく、首都機能をあちこちへ分散させるのです。副首都を持つのも一つの手です。

「長尺の目」という考え方で言いますと、業績を四半期、つまり三か月という短いスパンで判断するのをやめる。現代社会の動きとはちょっと違う動きをしたほうが、実際には災害に遭わない生活を送れるのです。たとえば、みんなが東京を目指して集まっているときに、京都に行く。そのほうが、結果的には豊かで、かつ経済的にも儲かるかもしれませんね。

室井　これまでのお話だと、日本列島はどこに行ってもリスクあり、ということですよね。まず東日本は、今後も確実にリスクがあるということですし、他も……。

鎌田　そうです。東日本大震災の次は、西へ向かって東海・東南海・南海と三つの巨大地震が来ますし、ひょっとしたら少し早まるかもしれませんし。ですから、日本列島では絶対に安全という場所はどこにもないのです。

ここで、ものを考える時間軸を一〇〇年まで伸ばしませんか、と僕は提案したいのです。東京から脱出、東日本から離れる、という短絡的な行動ではなく、たとえば一〇〇年間、日本列島で比較的安全に暮らすとするなら、どう行動すればいいか、と考えるのです。

もう一つは、いつ被災してもいいように準備する方法です。会社に防災用品を備蓄したり、本社機能を分散する方策です。もはやどこで地震が起きてもおかしくない日本になったのだから、とても健全な考え方でしょう。その上で、リスクを受け入れながら、東京でもどこでも自分が住みたい場所に住む。

また、その土地のものを使う「地産地消」という低エネルギー生活をする。みんなが少しでも文化装置を減らしていくと、日本全体ではすごいエネルギー削減になります。

室井　そうだとすると、東京一極集中の生活や経済は無理ですよね。東京で「地産地消」

なんてできませんし。

鎌田　人口密度が極端に高いところは、過剰な負荷がかかっているので、基本的には危険地域です。このことを認識するのはとても大切でしょう。ただあまりに短兵急《たんぺいきゅう》な思考は、パニックや不安を引き起こす恐れがあります。

たとえば、震災後に日本から一度に外国人がいなくなったり、乾電池やペットボトルの水がスーパーから消えたりするのは、同じ短絡思考ですね。

僕はいつも言うのですが、短絡思考とは危機に直面して合理的に考えなくなるから生まれるのです。落ち着いていたら絶対しないような考えを、人はよくしてしまいます。合理的に考えるには、強靱《きょうじん》な「想像力」が不可欠なのです。

コロナ禍でも起こったことですが、ティッシュペーパーやペットボトルの水が目の前にないと、あわてて買い占めに走るのも、想像力の欠如です。本当はスーパーの背後にある工場には、山積みされているのですから。

僕が驚いた話に、原発事故のすぐあとで福島産のお米が売れ残ったというのがあります。お米は前年の秋に収穫したものだから、放射能とはまったく関係ないでしょう。それなのにこうした現象が起きたのは、まさに想像力の欠如です。

室井　風評被害は本当にひどかったですね。けれども震災当時、心が痛んだりしている人も多かったですし、しばらく地下鉄に乗れなかったという人もいました。そうなると、あまり明るくは考えられないんですよ。

知識を持って備えるしかないとは思うのですが、その知識が教えてくれることは「これからたくさん地震や噴火が起こります」ということだったりすると、どう受け入れればいいかがわからないんです。行政が日本全体を見渡してもっとスムーズに先導してほしいと思います。もちろん問題山積で手が回らないところもあるとは思いますが。

鎌田　そうですね。地震と噴火の知識は、行政だけでなく専門家自身がもっと積極的に伝えなければダメですよね。つまり、「安全」に暮らすための知識だけでなく、皆さんの心に「安心」が届かなければ、知識を伝えたことにはならないんです。僕たち地球科学者は、ここでこそ頑張らなければいけないと思っています。

もう一つ、「3・11」は、残念ながら国や行政があまり当てにならないことを露呈してしまいました。東日本大震災は阪神・淡路大震災の一四〇〇倍のエネルギーの地震です。ですから、行政もそうそうは対応できない。今回、日本人が大きな犠牲を払って学んだことには、「人に頼ってはダメ」ということもありますね。

誰かがしてくれるのを待っているのではなく、できるところから自分でする。自立の精神です。阪神・淡路大震災のときもそうでしたが、結局地元の人、身近な友達が踏ん張って復興しました。

だから「地域コミュニティ」がとても大事なんですね。私は「目の前の三人を大切に」と言っていますが、昔風に言えば「向こう三軒両隣」です。そこで普段から助け合ってコミュニケートしていれば、大きなパニックに陥らなくて済む。自分一人じゃないって思えるのは、すごく強力なことです。

あとは「自分の体」を大事にして、体力を持っておくこと。まさかの際には、お金でも学歴でもなく体力がものをいうのです。僕はいつも学生に「社会に出たら体力勝負」と言っています。それだけあれば、国や行政に依存しなくても何とかなる。

室井　一人ひとりが判断力と自主性を持つこと、に尽きますね。そして、人に対する思いやりを持って、人を大切にすること。さらに自分の体力に自信が持てるように、日常から生活にも気を配るということですよね。

鎌田　そうなんです。結局、一人ひとりの個人の力が大事なんです。その個人がいずれ世界を変えていくんですね。

【本論】ストックからフローの時代へ

「ストック」から「フロー」へ

私たち人間の活動はすべて外部から得られるエネルギーによってまかなわれます。よって、人間とエネルギー資源は切っても切れない関係にあります。

エネルギー源として使っている石油と石炭は、いずれも何千万年という途方もなく長い時間をかけて地球上でつくられました。ところが、この二〇〇年たらずの間に人類は、こうした化石燃料をものすごいスピードで消費しています。

化石燃料が生成される時間と、我々が使用する時間を比べてみると、驚くべき数字が出てきます。実は、地球が化石エネルギーをつくり出してくれる一〇万倍もの速さで、人間は使い果たそうとしているのです。

この行きすぎにはすでに誰もが気づいていますが、止めることはまったくできていません。しかし、私はここで欲望を増大させた生き方を根本的に変えるべきだと思います。キーワードは「ストック」と「フロー」です。

ものを抱え込む生活を、「ストック」型の生活といいます。ストックとは在庫や備蓄を意味する専門用語ですが、持ち家や株券など人が蓄える資産の意味です。現在の資本主義はまさにストックを基に成り立っています。

こうしたストック型の生活から「フロー」型の生活への転換を提案したいと思います。フローとは流れていくもので、キャッシュ・フロー（現金流量）のように一定期間内に流れた量を指します。このフロー的な考え方は、実はとても地球科学的なのです。

昔には戻れないのだから

東日本大震災のあと、私は今後どうすればよいかを具体的に考えました。どれくらい時計の針を前に戻した生活をイメージすればよいのか、具体的に検討してみたのです。取り返しがつかない状況に陥る前に、「ストック」に依存する生活をやめて、「フロー」的な生活に戻さなければならないと思ったからです。

私は最初、江戸時代に戻ればよいのではないかと考えました。江戸時代の日本は鎖国をしていたため、ある程度自給自足のフロー的な生活を残していました。食糧も生活品も国内だけで需要と供給のバランスがうまくとれていたのです。

もちろん当時の生活には便利な電気などありません。夜は行灯《あんどん》の光だけで過ごすのです。そのため一日の行動時間は、日が昇ってから暗くなるまでに限られていました。蛇口をひねって水が出てくるわけではないので、水くみ一つをとっても時間と労力がかかります。こうした生活では当然、余剰の時間はありません。人々はこうした時間サイクルの中でも、それなりに豊かに生きていく方策を考えました。

たとえば、江戸時代の人々は「遊び」の時間を生み出すために、さまざまな工夫をしていました。当時の文化が高度に花開いていたことは周知の事実です。

環境的にも文化的にも、江戸時代はちょうどよい加減の時代だったのです。石油や電気を使うばかりが能ではないことを、私たちはこの時代の生き方からもっと学ばなくてはなりません。

しかし、現実問題として、二一世紀の私たちにそのような生活はもはやできないでしょう。電気、ガス、上水道、下水道というライフラインがなければ、現代人は生きていけません。さらに、電話やインターネットをはじめとした通信網によって経済活動は維持されています。そのすべてが存在しない生活へ戻ることは、今となっては不可能でしょう。

蛇口から水が出てこないどころか、我々の周囲には井戸がありません。もし首都圏に直下型地震が来たらすぐに想定されることなのですが、水が得られるところは、ほとんど皆無なのです。つまり、現代の大都市には、江戸時代の生活すら得られない状況をつくってしまったのです。

私は江戸時代の生活がエネルギー的にも理想だと思いながらも、ここまで戻るのは無理だと考え直しました。次に、戦前くらいなら何とかならないかと考えました。電灯は点いていましたが、エアコンはありません。しかし、それもまだまだ難しそうです。

そこで私は、四〇年前くらいまでなら戻れるのではないかと考え始めました。一九八〇年代を思い起こしてみると、当時はまだ自然と触れる機会の多い生活をしていました。その頃に暮らしていた人々の知恵を借りればよいのです。

危うい資本主義的フロー

ストック生活のおかげで、物質に溢れた贅沢《ぜいたく》な生活が始まりました。これは、人為的に欲望が肥大化させられた結果として生じた「豊かな生活」です。現代人がコマーシャリズムによって、どれほど多く必要のない欲望に振り回されているか、に思いを巡《めぐ》らしてみましょう。

これまで資本主義社会は、大衆による大量消費が支えてきました。たとえ必要がなくても次々と商品を買うことによって、経済が回るのです。ある意味では資金と物資の絶え間ない流れこそが、その本質です。

ある大会社の社長さんが私に語ってくれたエピソードがあります。その会社の製品は世界でも高品質という信頼を得ています。その信用を得るために商品開発には精魂が込められており、信頼の高いものをつくると自ずから耐久性も上がります。

私はその方に「貴社の製品は長持ちするので好きなのですが、あまり長持ちすると製品が売れなくなりますよね。すると利益が上がらず困りませんか？」と尋ねたことがあります。

これに対する社長さんの返事には驚きました。「我が社の製品は大変優れていて、耐久年数は二〇年以上あります。使い続けてもまったく差し支えありません。しかし、製品の品質に何の問題がなくとも、自分が持っているものが〝陳腐〟だと思ったときに、お客様は新製品を買ってくださるのです」

つまり、十分に使える商品をつくる一方で、旧製品が陳腐と思われるような新しい機能の付いた製品を、高品質で出し続けるというのです。こうして、その会社は創業以来売り上げを伸ばし続けています。

このシステムは地球科学的なフローではなく、人為的、もしくは資本主義的なフローそのものです。生活で必要なものがすでに充足していても、目先を変えて新たに欲しいものを買い換えさせる。人々の欲望を絶えず刺激する方向へ、すべての経済活動が向かっているのです。

その結果、消費は増大し、経済は右肩上がりを続け、そして資源は枯渇し、地球環境はますます破壊されていくのです。この社長さんは何一つ悪いことをしていませんが、彼の話にどこか違和感を感じた方は健全だと思います。

次から次へと商品を買い続けることで成り立つ資本主義的フロー。私たちはこの会社の戦略のように、行きすぎた資本主義の間違ったフローに振り回されてきたのです。これに疑問を持たなくなった結果が、電力をはじめとする大量のエネルギーを必要とし、原発など数々の事故へとつながったのです。こうした行きすぎたエネルギー消費は、どこかで抑制しなければならないでしょう。

大量消費経済をより高速で回転させることは、もはや限界に来ています。限度のない欲望に支配された生活では、たとえいくら資源があってもいずれ使い果たしてしまいます。地球科学から見れば、現代の資本主義はその末期的な状況にある、と言っても過言ではないのです。

地球科学的フローという考え方

東日本大震災から一〇年、今私たちに必要なのは「発想の転換」です。それまで当たり前と思っていた考え方をチェックして、不合理なものは思い切ってやめるのです。

そうした際に役立つキーワードとして「地球科学的フロー」を提案したいと思います。欲望の肥大による無駄な消費を促す資本主義のフローではなく、地球環境にとっても、また人間の体にとっても適切なフローです。

現在の日本社会は、エネルギー問題に関して間違った選択をし始めています。すなわち、自分たちの生活を変えずに、同じだけのエネルギーをどこか別の場所に要求しているのです。右肩上がりをひたすら維持しようとする考え方の表れで、これでは何も問題は解決しません。

今、話題となっているものの中に、自然・再生可能エネルギーへの転換があります。しかし、実際には、自然・再生可能エネルギーが使えるようになるまでに、別の膨大なエネルギーを必要とすることを、皆さんはどれほどご存じでしょうか。

これはエコカーの代表となっている電気自動車についてもそうです。もし脱石油、脱ガソリンを極端に徹底しようとしたら、蓄電池を用意するために莫大な資源とエネルギーが消費されるのです。

たとえば、巨大な風車をつくるために必要なエネルギーを考えたことはありますか。また、太陽電池をつくるために、どれほどのエネルギーがいるでしょう。さらに、風車が耐久年数を過ぎて処分されるときのエネルギーも考えなければなりません。地熱発電でも、地下から熱水を汲み出す坑井《こうせい》（井戸）は、時間とともに詰まっていくため、新たにいくつも掘り続けなければならないのです。

社会が全体で消費する資源とエネルギーの総量を減らさなければ、本当の解決にはなりません。目先だけを部分的に改善しようとしてもダメだということです。自然・再生可能エネルギーの活用についても、たくさんの落とし穴があります。結局、現代人の高エネルギー消費の生活態度を変えないのであれば、根本的には問題の先送りにしかなりません。

「分散」という知恵

人類が経てきた自然との関わりを振り返ると、今日の地球環境問題は、西洋で始まった「科学革命」の価値観から脱却しなければならないことを教えてくれます。何事も進歩するという考え方にとらわれて物事を決める時代は、すでに終わったのではないでしょうか。「3・11」以後、自然を支配する価値観は崩れ去ったように思います。そして地球科学の最先端にいる科学者たちは、新しい視点で地球環境と人類の文明のあり方について多角的に考え始めています。

日本列島は世界有数の「動く大地」ですが、西洋の大地はまったくと言ってもよいほど動きません。一方で私たちの祖先は、日本という変動帯の大地の上で何十万年ものあいだ生きのびてきました。

よって、大地の動かない西洋で生まれた考え方から脱却し、日本列島という変動帯の自然と向き合った生活スタイルが必要なのです。たとえば、「足《た》るを知る」ということ、自分の身の丈《たけ》に合った生き方をすること、地面が動いても動じない決心が、一番要求されているのかもしれません。

文明の進展に従って、人と富と情報が大都市へ集中し始めました。この集中が何十年も継続し、東京やニューヨークなどのようにメトロポリタンが肥大化しすぎると、思わぬ弊害が生まれます。前にも述べたように、超高層ビルは長周期の地震に対して非常に脆弱《ぜいじゃく》なのです。大事なポイントは、人口過密状態に陥った都市の過剰エネルギーをコントロールし、的確に「集中」と「分散」を図ることです。

これまでの章で紹介してきたように、過剰エネルギーを合理的にコントロールしないと、自然災害を極端に増幅させてしまうのです。具体的には、「西日本大震災」が起きる前に、速やかに人口・資産・情報のすべての点で地方へ分散し、少しでもリスクを減らすことです。

人間に限らずそもそも生物は、エネルギーさえ得られれば際限なく増殖するものです。増え続けてある閾値《いきち》を超えると、その瞬間から集団が崩壊し絶滅に向かうのです。もし放っておかれれば、すべての個体が「集中」する方向に進んでしまうでしょう。

しかし、こうした流れは決して不可避なものではありません。高度な脳を持つ人間は、意識的に「分散」を図ることができます。

これは地方分権といった行政上の話だけでなく、政治・経済・資源・文化・教育の全分野にわたって必要な行動です。過度の集中の弊害に気づいた時点で、分散を敢行し「リスクヘッジ」を行うのです。それが世界屈指の変動帯、日本列島に住み続ける最大の知恵となるのではないでしょうか。

終章　私たちはどう生きるべきか

【対談―終】鎌田浩毅×室井滋

「私たちはどう生き方を変えればよいのでしょうか?」

鎌田　「地球科学的に見て日本列島が変動期に入った」ことは確実です。「9・11」がアメリカの世界外交を変えたように、「3・11」は日本の進路を変えたのです。そう思ったほうがいい。

室井　地球の変動が自分たちの生活に重くのしかかってくるということですね。

鎌田　海域で起きる「余震」と「三連動地震」、陸域で起きる「誘発地震」、活火山の「噴火」という四つを、自分の人生のスケジュールに入れなくてはなりません。

室井　かなり深刻な事態ですね。

鎌田　そうです。でも、それらが起きても何とかなるように、生きのびられるように、今から知恵を働かすのです。日本人のDNAには、天災から生きのびる要素が入っていると僕は思います。実際、七三〇〇年前に起きた鹿児島沖の巨大噴火のときには、南九州に暮らしていた縄文人が滅びましたが、日本人全部は滅んでいない。

室井　それが私たちの祖先なんですものね。

鎌田　時間軸を長くとっていくと、我々が経験する可能性のある自然災害の規模は巨大なものになります。たとえば、宮城県沖地震は三〇年に一度、南海地震は一〇〇年に一度です。それに対して、東海・東南海・南海地震の三連動は三〇〇年に一度、今回の東日本大震災は一〇〇〇年に一度のものだった。

さらに、火山の噴火では一万年に一度の頻度で起きる巨大噴火があります。たとえば、七三〇〇年前には鬼界《きかい》カルデラの噴火、また二万九〇〇〇年前には鹿児島湾の姶良《あいら》カルデラの噴火があった。それでも日本人は生きのびてきたのです。

ここにはさまざまなスケールの「時計」があります。三〇年に一度に当たる人、三〇〇年に一度、一〇〇〇年に一度、一万年に一度に当たる人もいます。それでも先祖たちはしっかりとサバイバルし、我々までつながっている。こうした「長尺の目」で考えるのが地球科学の見方なのですね。

室井　とても大きな見方なのですね。

鎌田　サバイバルで言うと、東日本大震災でも「血圧の薬を飲まないと不安」と思っていた人が、避難所で二週間飲まなくても元気だった、ということが起きている。当時、「もしかすると私は薬がなくても大丈夫」と思えるようなことが、日本中で多くあったのではないかと思います。

人間がもともと持っている生物としての力や、近所の人と助け合ったこと、そうしたプラスのことに目を向けるときではないか、と僕は思うのです。こういうときこそ、自分の中に隠れていた生きる力を発揮して、頑張っている自分を褒めてあげたい。そういう人が次の世界を引っ張っていくのです。

室井 確かにそうですね。ただ、現代人は五官が鈍っているとも言いますよね。以前に、バラの研究をなさっている先生とお話をして、嗅覚の話になりました。人間の鼻のセンサーは古代人が一〇〇〇個あったとすると、現代人は三五〇個くらいしかないんだそうです。その原因は、日常生活で鼻を使わなくなったからです。

食べものにはみな「賞味期限」が書いてあるから、目で読んで判断してしまう。においで危ないとわかったり、食べて吐いたりしなくなったため、鼻のセンサーが退化したんですね。

鎌田 僕が学生時代に読んだものですが、カルロス・カスタネダ（一九二五〜一九九八）という文化人類学者について書かれた見田宗介著『気流の鳴る音』（ちくま学芸文庫）という本があります。南米のある部族の人は、数十キロ先からでも飛行機が飛んでいるのがわかるのだそうです。文明人はその三〇分後になって、ようやく飛んでくるのがわかる。現代人の及びもつかない五官で今わかる世界が彼らの暮らしには溢れている、という話です。

室井　私の知り合いで船にくわしい人がいて、前は視力が2・5くらいあったんです。私たちに見えない遠くのものも、その人にははっきりと見えるんです。あるとき一緒に船に乗っていると、遠くに大型タンカーが見える、と言うのです。

そのとき、イルカが船に併走していたんですが、彼がタンカーを見つける前に、先にイルカがいなくなったんです。まずイルカが去る、そして彼がタンカーを見つける、それからだいぶたって私たちにタンカーが見えてくる。そのくらい五官の能力差ってあるものなんですよね。

鎌田　その能力を磨くことを、今こそ一億二五〇〇万人の日本人がやるといいと私は思うのです。非常に五官に優れた人が出てくることもあるでしょうし、それぞれの人にとって自分の能力を上げることもできます。たとえば、悪いものを食べたらすぐにわかる敏感な体になるべきです。そうしたきっかけや運動が生まれればよいと思います。

室井　そのとおりですね。カメラマンで宮嶋茂樹さんという方がいらっしゃいます。彼が宮城県の松島で、余震が起きる前にカモメだらけの写真を撮影されたんです。見たこともないほどの大量のカモメが集まっていた。

彼は二〇〇四年に起きたスマトラ島沖の震災も取材していて、そのときにもある場所に山ほどの鳥が集まっているのを見たというんですね。だから、宮嶋さんは松島のカモメを見て、「スマトラのようなことが起きなければいいのに」と取材記事をまとめていました。結局、この記事が出回った直後に余震が起きたんですね。震度5強〜6ほどの大きなもの。動物は予知できるんだと思いました。

鎌田　地震の科学的な知識とそうした動物的カン、その両方が必要なのです。僕が「これから余震と誘発地震が起きますよ、また噴火も起きますよ」と言えるのは、まさにスマトラの事例を知っているからです。その知識が次の予測につながる。地球科学では「過去は未来を解く鍵」と言います。膨大な量の科学的な知識は、必ず役に立つのです。

一方で、もう一つの直観も大事です。「気流の鳴る音」が聞こえ、地震を予測するカモメの五官を持つこと、です。どちらかではなくて、両方ともが必要なんですね。

室井　カモメの五官を持つ……かぁ。

鎌田　僕は講義の中で学生たちに向かって、「頭でっかちはやめよう」「体は頭より賢い」とよく言います。知識、データ、シミュレーションばかりに頼るのではなく、自分の「体が知っている」ことに信頼を置いてみようということです。

たとえば、節電で夜の町が暗いと、そこから、かえって自分の感覚がよみがえることがあります。頭ではなくもっと体を使って、「3・11」後の生活にアジャストしていくこと。身体はより「自然」に近いものなのです。常日頃から自分の身体を感じるようにして、「自律」と「自立」を始めるのです。体の出すサインに敏感になり、「身体本位性」で情報を判断していく。こうした新しい生き方を始めるチャンスでもあると、僕はいつも皆さんに語りかけているのですね。

室井　とても大事なことですね。

鎌田　我々の身体はもともと生命力を持っています。それは原始生命の誕生から一回も途絶えていないんですね。

地球科学的に説明してみましょうか。地球は四六億年前に誕生しました。最初の五億年くらいは火の玉だった。それがだんだん冷えて固まって、四〇億年前に海ができます。そこから二億年くらいたって最初の生命が生まれた。実は生命が誕生してから、すでに三八

億年たっているのです

室井　三八億年も、ですか？

鎌田　そう。最初の海は絶えず沸騰しているくらいの高温で、かつ強酸性でした。今の生物じゃとてもすめない過酷な環境です。その中から単細胞生物が生まれて、連綿と現在までつながっています。

生命誕生以来の三八億年、もしどこかで途切れていたら今の我々はいないんです。これはすごいことです。三八億年の間に、生命はサバイバル上のいろんな能力を獲得した。その一つが、地震と噴火の日本列島で生きのびてきた日本人の持つ力だと思いますよ。

室井　日本人の力……。

鎌田　それから、六五〇〇万年前には直径一〇キロの隕石が落ちてきて、恐竜が絶滅しました。でも僕たちの祖先の哺乳《ほにゅう》類は生きのびた。どんなに地球上に大異変が起きても、生きのびる生物が五パーセントはいます。その意味で室井さんはとても「地球生命」的なんです。

室井　五パーセントですか……。私どんな占い師さんにも言われるのが、「生命力強いですね」でして、手相にも二重生命線があるんです……。いえ、ちょっと恥ずかしいんです。

鎌田　いやいや、これは室井さんが女優さんであることとつながっていると思います。芸術は「生命力」があって初めて発現する。岡本太郎なんかその典型ですね。

女優になりたいとみな思っても、なれる人は限られていますよね。映画でも演劇でも、誰かが「室井さんがいいぞ」と思ってピックアップするわけです。おそらく選ぶ人が見ているのは、生命力やオーラだと思います。過去の実績よりも「今、ここにいる私」というオーラです。

室井　それはうれしい！

鎌田　フランスの哲学者アンリ・ベルクソン（一八五九〜一九四一）が「生きた時間と死んだ時間」という概念を出しました。生命力を発揮するのが「生きた時間」なのです（拙著『成功術 時間の戦略』文春新書）。反対に、一流大学を出たとか肩書きにしがみついて生きている人が、「死んだ時間」を生きる人。

室井さんはいつも「生きた時間」で生きている人なんですね。「瞬間で生きる」というか、それが生命力の強さに結びついている。この生命力こそ、地球生命三八億年の歴史と大いに関係していると僕は思いますよ。

【本論】感性を開いてしなやかに

何のために生きるのか

人は言語の力で自らの気持ちを伝え、知識を正確に伝達できるようになりました。一方で、森羅万象を言葉を用いて抽象化して表現することによって、物自体の質感や輝きは置き忘れられていきます。

では、このように聞こえなくなってしまった自然界の声を、どのように復活させたらよいのでしょうか。我々が言語を取得することにより鈍ってしまった感性を呼び起こしたい、と私は切に思ってきました。四半世紀ほど前の私はこんなメモを記して本に挟んでいます。

《何のために火山を研究するのか？　研究をどんどん進めていって、次々と論文を出して、自然のからくりを理解していって、物事の本質をつかむためか？

しかし、それらは本来、急いで行うことではないのではないか。自分自身のペースで自然を理解し、見る眼を徐々に豊かにし、自然のからくりをゆっくりと解き明かし、少しだけ論文を書き、おちついて着実に知性の営みを続けていくこと。それがほんとうの目的なのではないのか？

急いで真実を明らかにすること、研究成果をあげること、研究競争の中で他者に勝つことではなく、周囲に気を十分にくばり、自然と人間について深く知り、感覚鋭く反応し、素晴らしい出逢いに感動し、新鮮な驚きをもち、じっくりと理解し、自信を持ち、世界に満足し、日々をゆったりと過ごしていくことではないのか。

本当の人生目標は、まとわりつく現代生活のしがらみに振り回されず、みずから空回りせず、虚偽の衣をはがし、本来の自分の姿と本質的な生き方に近づくこと。そのためには、よく見ること、よく聞くこと、よく味わうこと、よく感じること》

今読み返してみると少し恥ずかしいのですが、何とも瑞々《みずみず》しい感じもします。時にはこうした言葉に動かされ、悩み、思索しながら生きてきたようにも思います。しかし、東日本大震災から一〇年を迎える今こそ、この感覚を実際の日常生活に生かさなければならないのではないかと思うのです。

人間がとらわれてしまった言葉と知識と学問の罠。科学者である私は、知識と科学の力をもちろん否定はしません。しかし、「大地が動く」日本に生きる私たちは、二律背反《にりつはいはん》の桎梏《しっこく》から逃れる知恵を必要としているのも事実なのです。

しなやかに生きることの強さ

かつての日本には、「大雨が降ったら川は氾濫するのが当たり前」という見方がありました。よって、氾濫した水に抗《あらが》うのではなく、むしろ流れやすい橋桁《はしげた》を架けることで、自然の力に寄り添うという発想が生まれました。「流れ橋」というアイデアですが、非常に合理的な考え方だと私は思います。

流れ橋の特徴は、氾濫のあとに残った橋脚の上に橋板だけを架け替える、というものです。流木などがぶつかった際に橋板に大きな力がかかり、橋全体が破壊されることがあります。それよりも橋板を流してしまうことで基盤の橋脚を守り、後の復旧作業を迅速に行うという昔ながらの知恵です。橋板に紐をつけておきリサイクルすることもあるそうです。何としなやかな発想でしょうか。

ここでもう一つ大切な点があります。橋板が復旧するまでゆっくりと待つ、ということです。効率だけを重視するのではなく、できあがるまでの数週間ほどを静かに待てばよいのです。

その間に、流されずに残っている橋まで道を迂回《うかい》することもあるでしょう。でも、最短の距離と時間で目的地に達しなくてもよいのです。これからの日本人には、こうしてゆっくりと待って生きる生き方が必要なのではないか、と私は思うようになりました。

今まで当たり前のように使っていたインフラがなくなっても、何とかやっていくのです。あれこれ工夫することで生活に支障をきたさずに暮らす知恵です。これは文化人類学者のレヴィ＝ストロース（一九〇八～二〇〇九）が説く「ブリコラージュ」の発想でもあります。取り敢えず入手できるものを使って、椅子などを器用につくってしまうことを、フランス語でブリコラージュ（Bricolage）といいます。

レヴィ＝ストロースは、未開民族がありあわせの材料で目的を達するさまを、驚きと称賛の目で書き綴っています。確かに彼らは先進国に住む我々と比べれば圧倒的に少ないものしか持っていません。コンビニエンスストアもなければ電気も水道もないのです。大自然に存在するものだけを用いて命をつなぎ、満天に星が広がる夜空を眺めて暮らしているのです。

今の日本で、豊富にあるものがなくなると不安になり、ストレスを感じる人が少なからずいます。トイレットペーパーの買いだめなどは、その最たるものでしょう。しかし、生きる上で本当に必要なものとは、何でしょうか。東日本大震災はこのことを多くの日本人に突きつけたのではないかと私は思うのです。ブリコラージュの発想で、いかなるときにも動じない自分をつくりたいものです。

ところで私の友人に、しなやかな生き方を実行している人がいます。東京で超多忙の毎日を送っているのですが、月末には大都会の喧騒を逃れて太平洋に浮かぶ南の島へ雲隠れしてしまう男です。

彼は、日常を時間に追われているからこそ、「たまには居場所を変えてみよう」と言いながら、宿の予約もせずに突然行ってしまうのです。携帯電話やパソコンは言うに及ばず、着替えすら一切持ちません。彼はその島に着いてから泊めてくれる宿に泊まり、売っているものを食べて、一日中ボーッとして過ごします。月末だけでも遊び感覚でブリコラージュで暮らそうとするこの友を、私はしなやかな生き方の達人だと思います。

動く大地を生き抜いた日本人の持つDNA

この友人ほど緊張感の中でしなやかに生きる鍛錬をしなくても、普段の生活でも上手に対応したいものです。たとえば、何にでも「過敏」に反応するのは控える方向で自分に言い聞かせるとよいのではないかと思います。眉間《みけん》にシワがよってきたら、ちょっと要注意です。どうせシワをつくるなら、目尻にしたいものです。

私自身、自分が追い詰められて過敏になるときの体の変化を知っています。ちょうど胸骨の下にある鳩尾《みぞおち》が硬くなってくるのです。何ごともないときから鳩尾に手を当てるようにしていると、ここに異変が起こるとすぐにわかります。

こうした体の感覚は、人によってみな違います。首が痛くなる人や、手に汗をかく方もいるでしょう。普段の状態と緊張や過敏になったときの違いを知っていると、とても便利なのです。

東日本大震災のあと、そしてコロナ禍、私は東京で眉間にシワがよった人たちをたくさん見かけました。大変なことが起きたと思いながら、ストレスを感じたあまりヒステリックになった人と、その反対に目前の問題解決へ静かに踏み出した人の両方がいました。そして、後者のしなやかに解決へ向かった人を、特別だと思わないでいただきたいのです。誰でもしなやかに生きることが十分に可能であることを、静かに認識していただきたいのです。

私は、日本人の中には自然がもたらす災害を生き抜いてきた力強いＤＮＡがあると思っています。日本列島は常に大地が動いている場所です。数十年から数百年に一度くらいは、途轍もなく大きな天災に遭遇するのです。それでも日本人は死に絶えることなく、今日まで生きのびてきました。

私たち日本人の祖先が幾多の自然災害をくぐり抜け、子孫を育んできてくれたからこそ、今日の我々がいるのです。そこには何かしらの強靱なＤＮＡが引き継がれていると思います。

地震や津波による被災と放射能は違うとよく言われていますが、私はそうは思いません。どちらの出来事に対しても果敢に立ち向かい、必死で解決しようとしている勇敢な人々の何と多いことか。そのことを一番よく知っているのは、私たち日本人なのです。

「3・11」の直後に日本から逃げ出した外国人が数多くいました。大地が動くことを許容できない西洋の人々には、とうてい耐えられない状況だったのでしょう。逃げ出したまま帰ってこない外国の方を責めるつもりはありませんが、私は日本人でよかったと思っています。

それは、自分の中にある力強さを感じているからです。自分の無意識が、こうしたことは過去にはいくらでもあったと、どこかで認識しています。それは私が地球科学を専門としているからではなく、日本人ならば普通に感じている潜在的な直観なのではないでしょうか。私たちのＤＮＡの中には、大地が与える困難を乗り越える知恵がきっと組み込まれているのです。

これまで日本には過去二回の大きな危機がありました。江戸時代に二〇〇年以上も続いた鎖国を終えたときと、第二次世界大戦に大敗したときです。幕末の大混乱のさなかに開国した際には、西欧列強の植民地になる危機を見事に回避しました。また、敗戦後にも、日本人は世界が目を見張るような回復と力強さを見せました。

東日本大震災やコロナ禍の危機に際しても、日本人の中にある蘇生の力をひしひしと感じます。そうした姿を見ると、私はまれに見る心の強さを育てた日本という風土に生まれてきてよかったと思うのです。

人間と環境は共に変わることができる

東日本大震災のあとで多くの文化人が、日本人は瓦礫《がれき》の中から立ち上がる力を持っている、と勇気づけています。そもそも人類は幾多の環境異変をくぐり抜けて生きのびてきたのです。

生物は与えられた地球環境に応じて生活を営みますが、一方では自然環境に対して影響力を持つ場合もあります。私たち地球科学者は「生物と自然の共進化」と呼んでいますが、環境と生物が相互に変化をもたらしている事実が数多くあるのです。

地球科学の視座でものを見ると、いろいろと違った風景が見えます。たとえば、地球史上で最大の環境汚染について考えてみましょう。今から二七億年ほど前に起こった酸素の出現という事件です。

太古の地球大気の主役は、二酸化炭素と水蒸気であり、酸素は含まれていませんでした。ところがシアノバクテリアという原始的な生物が、約二七億年前に光合成を開始し、酸素を大量につくり出しました。この結果、地球の大気に含まれる二酸化炭素が酸素へと置き換わっていったのです。これも地球環境と生物の間の共進化現象の一つです。

図版終ー1　生物の大量絶滅の5大事件

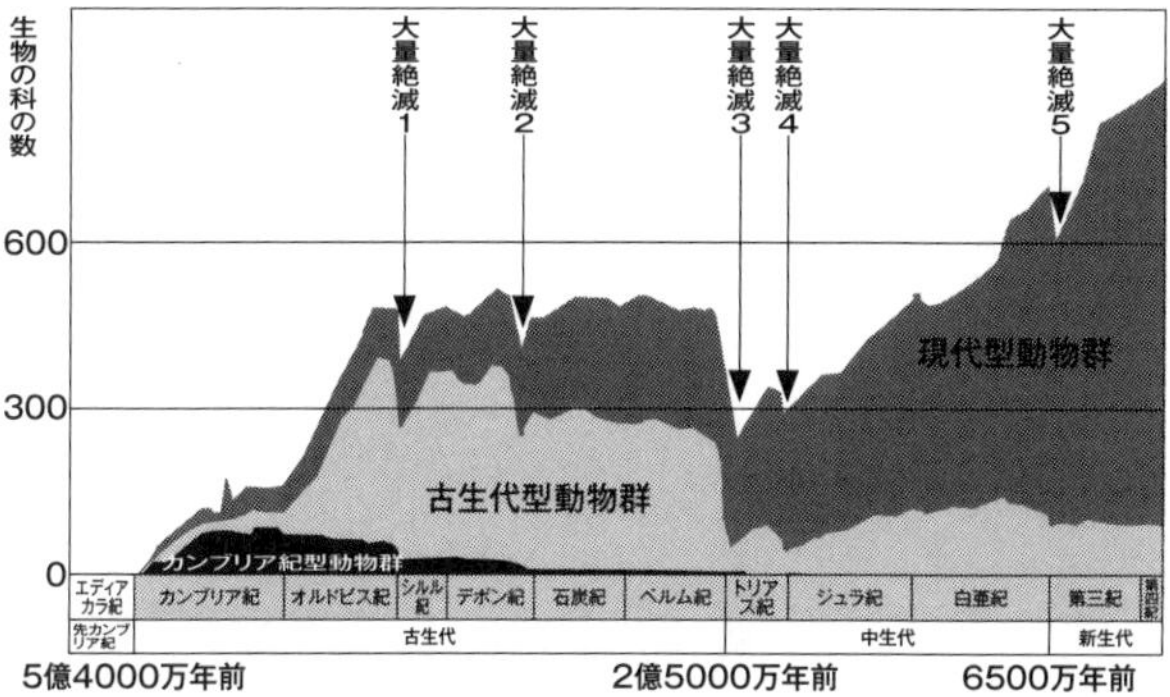

セプコスキー氏の図を参照し作図

たとえば、当時の地球上で繁茂していた「嫌気《けんき》性《せい》生物」と呼ばれる酸素を嫌う生き物は、生きる場を「好気性《こうきせい》生物」という酸素を好む生き物にゆずりました。というのは、後者のほうが大気中に増え始めた酸素を使って、より大きなエネルギーを獲得できるからです。

それまで地表を支配していた嫌気性生物からすれば、酸素が増えてきたせいで自分たちが絶滅に追いやられたことになります。すなわち、彼らの視座では、酸素大気はひどい「環境汚染」に他ならないのです。

その後、二億五〇〇〇万年前の生物の大量絶滅では、九五パーセントの生き物が劇烈な環境変化によって死滅しました（図版終―1）。

しかし、その大事件でも、見方を変えると五パーセントの生物は生きのびてきたのです。その末裔が我々人類までつながっていることに、私はいつも感動します。まさに生命が連続する不思議です。

体の声を聞く

野口晴哉《はるちか》（一九一一〜一九七六）という思想家がいますが、彼はこうした生命の持つ力を呼び戻すことの重要性を提唱しています。言葉による意識の世界は、大脳を中心とする「錐体《すいたい》系」がつかさどっています。

一方、自律神経や意識外の動きは「錐体外路《がいろ》系」がつかさどっていますが、この働きを増すことが良く生きる上ではとても大切だと野口は述べます（野口晴哉『風邪の効用』ちくま文庫）。この見方は、災難を乗り越える際にも大きな力となるのではないか、と私は考えています。

錐体外路系の働きが鋭い人は、地震の前に危険を察知するようです。皆さんの知り合いにも、なぜか危ないときには必ずその場所にいない、という人はおられませんか。たとえば、ふとした思いで歩く道を変えたため交通事故の現場に遭遇せずに済んだというような方です。

それはまったくの偶然なのかもしれませんがその人は普段の生活の何かが違うのかもしれません。こうした直観は、「気流の鳴る音」が聴こえる能力と無縁ではないのです。

このような感覚を摩滅させないために、私は体の動きを整えることが大切なのではないかと思います。かつて人間の誰もが持っていた野生の感性と感覚を呼び起こすのです。これは知識や科学の重要性とは別の次元の話ですが、どちらも大切だと私は思います。

大地変動の時代に日本列島が入ったこと、近い将来余震と誘発地震に見舞われること、活火山も噴火するかもしれないこと、そして一〇年ほど後には今度は西日本が大きな地震に見舞われること。これらはすべて知識ベースの現代地球科学の力で予測できることです。そして、いずれも自分の身を自分で守るためには不可欠の情報です。

そのことを十分理解した上で、野口氏の主張する「錐体外路系」の訓練も必要ではないかと私は思うのです。人生のサイクルに「動く大地の時代」の始まりを組み込みながら、自らの身体の五官の力も高めていきたいものです。

今、地球は折り返し地点にいる

最後に、地球の将来をちょっと覗《のぞ》いてみましょう。ポスト印象派の画家ポール・ゴーギ

図版終ー2　図でたどる太陽の一生

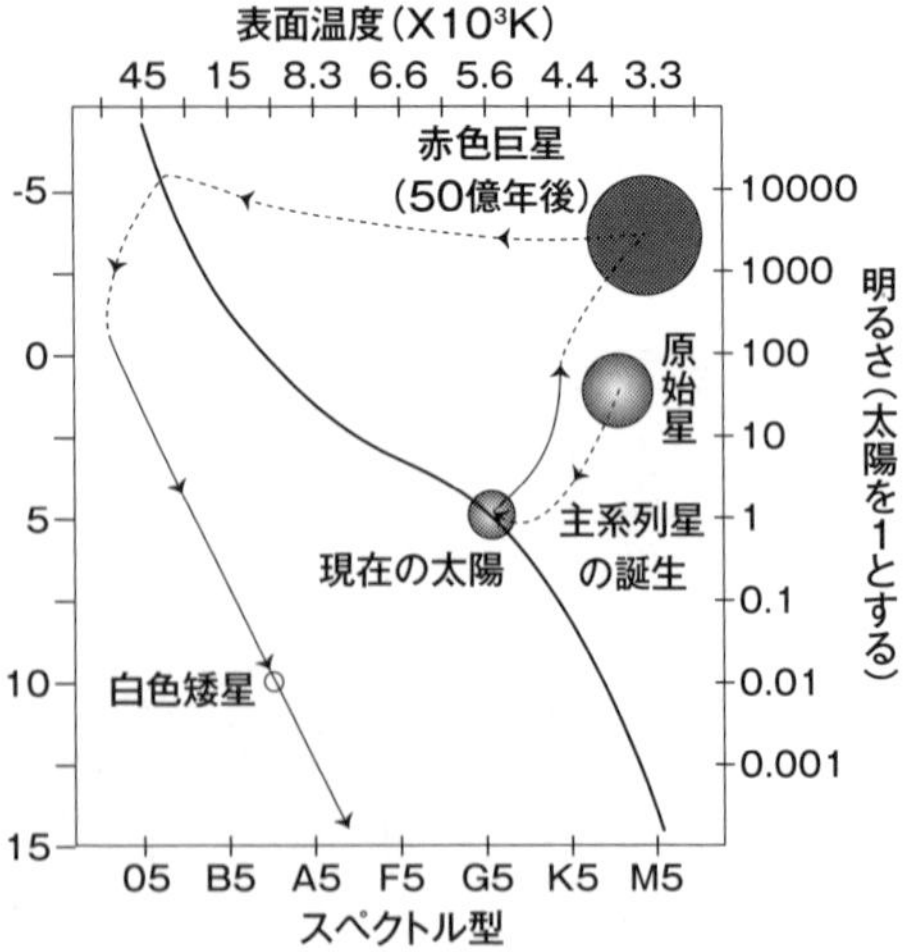

ャン（一八四八～一九〇三）が一八九七年から一八九八年に描いた大作に、「我々はどこから来たのか 我々は何者か 我々はどこへ行くのか」というタイトルの絵があります。タイトルの後半は、まさに「これから地球はどうなるのか」というテーマです。

地球は、五〇億年ほど前に太陽系ができた中で、一個の固体惑星として誕生しました。今から四六億年前のことですが、それ以来ずっと安定的に進化し、現在に至っています。そして未来を予測してみると、地球はあと五〇億年くらいは保ちます。

つまり、マラソンで言えば、現在は折

り返し地点にあるのです。ちなみに太陽系が誕生してから終末を迎えるまで全部の寿命が、ちょうど一〇〇億年くらいです。

太陽自身は次第に大きくなっていき、いずれ地球が回っている軌道を越えて、地球そのものを飲み込んでしまいます。つまり、いずれ地球は太陽に焼かれてしまい、最後に太陽自身は大爆発してしまうのです（図版終―2）。

でも、ご心配なく、五〇億年も先のことですから。今までに四六億年間にわたって積み上げた地球の「進化」、生命の「知恵」、自然に対する「畏敬《いけい》の念」の三つを持って、次の五〇億年を過ごせばよいのです。地球科学が教えてくれるのは、そのような壮大なストーリーを持つ生き方です。

考えてみると、この一〇〇億年のうち半分というのは、なかなか趣《おもむき》のある数字ではないかと私は思います。仏教にも「劫《こう》」という単位が出てきますが、計算すると四三億二〇〇〇万年に当たるということです。この数字が地球の年齢とかなり近いのはとても興味深いことではないでしょうか。

さて、地球の歴史は、地下に溜まった「熱」の発露でもあります。熱を効率よく出そうとしてマグマが噴出し、活火山ができます。その活火山は「災害」も起こすけれども、一方では「恵み」もちゃんとあるのです。日本人の大好きな温泉も、火山の麓で採れる高原野菜も、すべて火山のおかげなのです。

ワインもその一つです。古代ローマの人々はイタリアのエトナ火山の斜面でブドウを栽培しワインを醸造しました。また、エトナ山と同じ活火山であるヴェスヴィオ山麓でも、ブドウ畑が広がっていました。ですから今でもヴェスヴィオ山の噴火で滅んだポンペイの遺跡からワインの甕が出土しますが、これも西洋料理を豊かにした恵みの一つなのです。日本の国立公園の九割は火山地域にできています。富士山もそうですが、火山の噴火は人を惹きつける美しい地形をつくるのです。だから活火山は災害の塊だといって悩む必要はなく、地球のエネルギーの自然な放出と考えればよいのです。

自然とつきあう際の立ち位置

このように善悪の両方あるのが、自然界の姿なのです。人間もまったく同じで、病気もあれば健康もある。悲しみも喜びもすべてをひっくるめて、生身の人間なのです。したがって、活火山でも活断層に対しても、災害と恵みを全部合わせてつきあおうとすればよいのです。この際にどう考えればよいかというと「短い災害と長い恵み」というフレーズが参考になります。

火山災害は、実は短いものなのです。そのときだけ火砕流や溶岩流から何とか逃げればよい。そのあとには長い恵みが必ずやってきます。ちょうど、スランプのあとには必ず成長が約束されているように、です。火山をこうしてゆっくりと楽しむことをぜひ知っていただきたいと思います。

本当は、地震にも火山と同じ構造があります。大きな地震が来たときに揺れる時間は、一〇秒かせいぜい一分です。よって、その一分間に大ケガをしないように、何とかしのげばよいのです。一分間ガーッと大きく揺れても、家具が倒れてこない場所に避難していればいい。そして、そのあとの一〇〇年もの長い間は、楽しく暮らすことができるのです。

地震現象は「長尺の目」で眺めると、意外な面が見えてきます。たとえば、地震のおかげで山が高くなり、その前面に広い平野ができます。もし日本に地震がなかったら、ただの険しい山地ばかりが続き、住むには適しません。私が暮らしている京都盆地も、地震のおかげで人が大勢住める平らな場所ができたのです。

京都の縁に聳《そび》えている東山や西山は、大地震が起きるたびに高くなったのです。それで高くなった山から土砂が流れてきて、盆地に広がって堆積し「千年の都」がつくられました。

しかし、逆に言うと、日本列島では盆地や平野の縁には必ず活断層があるのです。それが一〇〇〇年とか二〇〇〇年に一回くらいの割合で、激しい地震を起こします。それを何とかしのげば、ふたたび長い「恵み」がやってくるというわけです。

大勢の人間が暮らすことのできる平担な大地は、長期間の地震活動がつくったものです。また、平野や盆地に農耕が可能な肥沃な土地ができたのも地震のおかげです。つまり、大地震のあとにやってきた長い「恵み」を、日本人はそれと知らずに享受してきたわけです。

このように、日本列島の地震にも「短い災害と長い恵み」という面があるのです。火山も地震もこのような複眼思考で見ればよいのではないか、と私は考えています。なかなか気づかない側面ですが、ぜひ知っておいていただきたいと思います。

生きた火山も生きた人間も、活動的なエネルギーがすべての源です。地球のエネルギーは、時には地下の岩盤と地球環境を破壊しますが、一方で生物の進化をうながすきっかけを与えてくれました。物事にはすべて裏表があるので、エネルギーがすべてマイナス現象ではないのです。

世の中で起こることには必ず、良い悪いという両面があるものです。「短い災害と長い恵み」というのは、地球の動きから導かれる「本質」でもあります。私は火山の研究に没頭するようになってから、自然界にあるものはすべて同じような「構造」を持っていると思うようになりました。

元来そういうものであると考えて、ゆったりとデンと構えて動く大地の上で暮らすのが、地球科学者の生き方です。これは本書で皆さんに一番お伝えしたかったことの一つでもあります。

しかも、現在はマラソンの折り返し地点で、まだ太陽系は寿命まで五〇億年もあります。その五〇億年を部分だけを見るのではなくトータルに考えよう、というのが私の提案する自然とつきあう際の立ち位置です。

私のミッションは、地球科学者としてできることをすべて行い、皆さんの命を守ることです。「過去は未来を解く鍵」という我々の持っている知恵を存分に活用して、次なる危機に備えたいと考えています。

これと同時に、「長尺の目」「畏敬の念」を持って自然の中に生きることの素晴らしさを皆さんへ伝えたいのです。こう捉えてみれば、明るく落ち着いた、そして「しなやかな生活」ができるのではないかと期待しています。

おわりに　―首都直下地震の減災と「知識は力なり」

本書の最後に、もう一度「大地変動の時代」の日本について振り返ってみます。ここまで二〇一一年に発生した東日本大震災以降、日本列島の地下にあるプレートのあちこちに歪《ひず》みが生じ、その歪みを解消しようと地震が頻発する現象についてくわしく解説しました。この結果、震災以前に比べて地震は数倍に増えたままの状態が続いています。

現在と同じ「大地変動の時代」は、一〇〇〇年ほど前の平安時代にも訪れたことがあります。序章でも紹介しましたように、八六九年に東日本大震災と同じ震源域で貞観《じょうがん》地震が発生し、その後、日本全国で地震が頻発しました。

九年後の八七八年にはM7・4の内陸直下地震（相模《さがみ》・武蔵《むさし》地震）が起きました。これを現在に置き換えて、二〇一一年の九年後はいつかと単純に足し算してみると二〇二〇年になるわけです。幸い、首都直下地震はまだ起きていないわけですが、地下が不安定な状態であることにはまったく変わりありません。

すなわち、首都直下地震は明日起きるかもしれないし、数年後に起きるかもしれないのです。いわば我々は激甚災害の「ロシアンルーレット」をしていると言っても過言ではないでしょう。

では、実際に首都直下地震が起こった場合、首都圏ではどの程度の被害が想定されるのでしょうか。国の中央防災会議によれば、冬の夕方六時、震度7の揺れに見舞われる最悪のケースでは、犠牲者二万三〇〇〇人と想定されています。このうち火災による犠牲者は一万六〇〇〇人で、全壊・焼失建物六一万棟、経済被害九五兆円にも上ります。

震度7では、テレビやピアノが壁に激突して人を傷付けるでしょう。また一九八一年の建築基準法改正以前に建てられた木造住宅の多くは、約一〇秒で倒壊します。もしオリンピックなどで一〇〇万人近い観客が集まっていた場合、被害がさらに増える可能性もあるのです。

首都機能が崩壊する恐れのある首都直下地震では、特に地盤が弱く建物が倒壊しやすい東京の下町地域と、火災の被害を受けやすい環状6号線と8号線の間の木造住宅密集地域（略して木密《もくみつ》地域と言います）は注意が必要です。

図版おわりに
首都直下地震による全壊棟数（上）と焼失棟数（下）

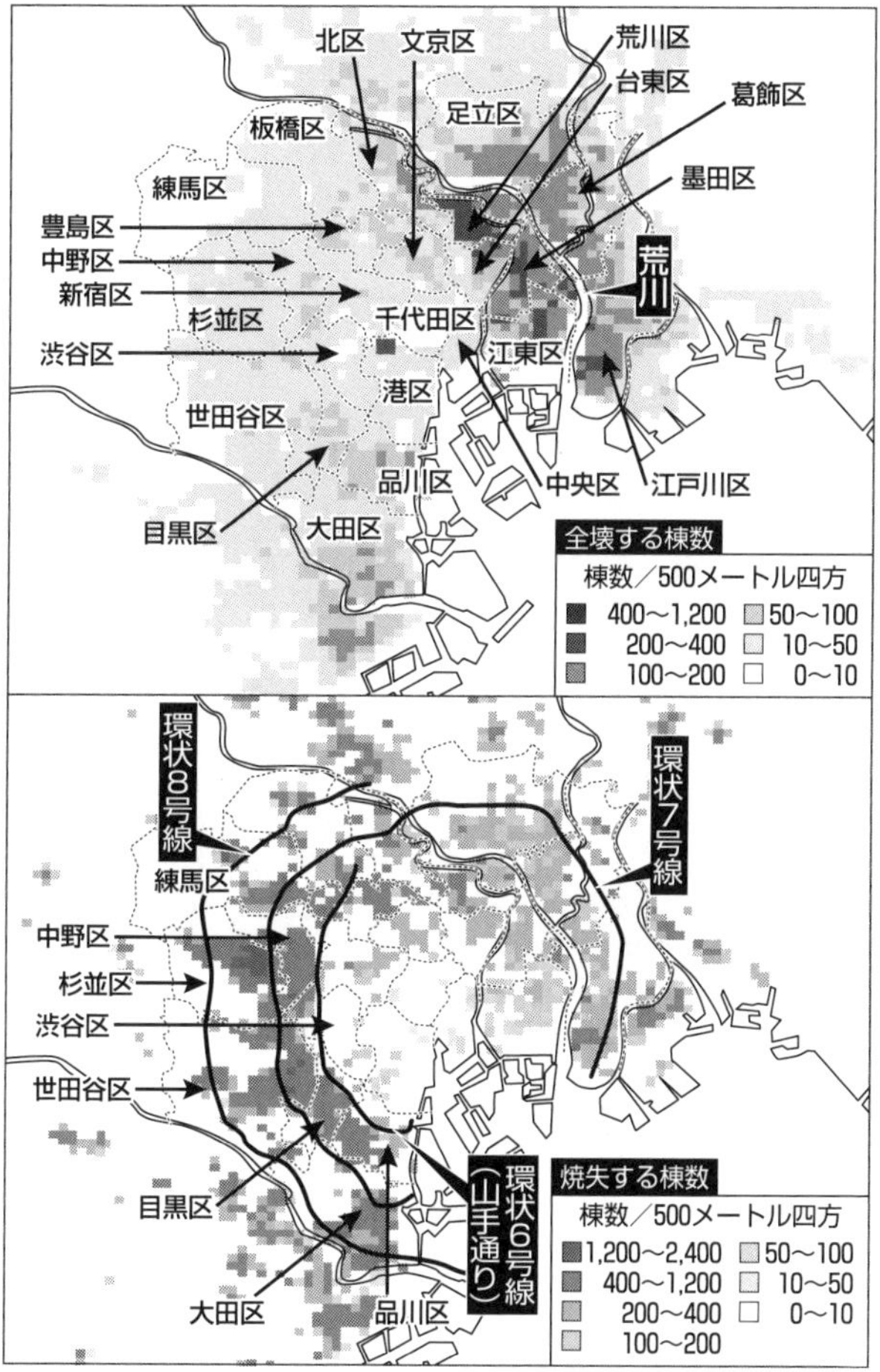

内閣府の資料を参照、一部改変し作図

下町地域の地盤は液状化しやすく、道路が使えなくなる恐れもあります。火災に関しては、木造住宅密集地域に住む人以外も警戒する必要があるのです（図版おわりに）。関東大震災では犠牲者一〇万人のうち九割が火災により亡くなりました。

高層ビルが多い都心部では、ビル風によって竜巻状の炎を伴う「火災旋風」が次々と発生し、地震以上の犠牲者を出す危険性を考えなければなりません。

このような激甚災害を防ぐには、一〇〇パーセントの成果をあげようと思っても無理があります。よって、現代では完全な「防災」ではなく、できる限りの「減災《げんさい》」を目指し、生活の中で小さな行動を起こすことで大地震による被害を少しでも減らすことに目標をシフトしました。

その一つが、首都直下地震で約六四〇万～八〇〇万人も発生するとされる、帰宅困難者を減らすための工夫です。帰宅困難者を減らすために、企業や官庁は数日間従業員が帰らなくても生活できるよう食料と水を備蓄するのです。

そして従業員は家族に一報だけ入れ、社内や官庁内に数日間留まるようにします。そうすることで、助かった人がケガをした別の人を助けるなど、被害を抑えることができるのです。

よって「おわりに」では、まずこうした小さな情報が読者の皆さんの命を救うことになることを訴えたいと思います。一七世紀の英国の哲学者フランシス・ベーコン（一五六一～一六二六）は「知識は力なり」と喝破《かっぱ》しました。

その事実は二一世紀の現在もまったく変わっていません。本書が、ウィズコロナおよびポストコロナの不透明な時代をしなやかに生きのびるために、少しでもお役に立てれば幸いです。

最後になりましたが、女優の室井滋さんとはNHK Eテレ『課外授業 ようこそ先輩』以来のご縁をいただき、今回も対談の掲載を快くお引き受けいただきました。また、エムディエヌコーポレーションノンフィクション編集部の加藤有香さんは、本書の企画から完成まで多大な力を貸していただき素晴らしい編集をしてくださいました。お二人に厚くお礼申し上げます。

エキサイティングに研究を続け二四年目に定年を迎える京都大学の研究室から

鎌田　浩毅

●マ

索引

（太字のページ数は図版・写真を表す。その他は本文中の語句）

MdN新書
016

首都《しゅと》直下《ちょっか》地震《じしん》と南海《なんかい》トラフ

2021年2月11日　初版第1刷発行

著　者　**鎌田浩毅《かまたひろき》**

発行人　山口康夫
発　行　株式会社エムディエヌコーポレーション
〒101-0051　東京都千代田区神田神保町一丁目105番地
https://books.MdN.co.jp/
発　売　株式会社インプレス
〒101-0051　東京都千代田区神田神保町一丁目105番地
装丁者　前橋隆道
DTP　三協美術
印刷・製本　中央精版印刷株式会社

カスタマーセンター
万一、落丁・乱丁などがございましたら、送料小社負担にてお取り替えいたします。
お手数ですが、カスタマーセンターまでご返送ください。

落丁・乱丁本などのご返送先
〒101-0051　東京都千代田区神田神保町一丁目105番地
株式会社エムディエヌコーポレーション　カスタマーセンター　TEL：03-4334-2915

書店・販売店のご注文受付
株式会社インプレス　受注センター　TEL：048-449-8040 ／ FAX：048-449-8041

内容に関するお問い合わせ先
株式会社エムディエヌコーポレーション　カスタマーセンターメール窓口 **info@MdN.co.jp**
本書の内容に関するご質問は、Eメールのみの受付となります。メールの件名は
「首都直下地震と南海トラフ　質問係」としてください。
電話やFAX、郵便でのご質問にはお答えできません。

Senior Editor 木村健一　Editor 加藤有香

ISBN978-4-295-20102-1　C0240